JIS使い方シリーズ

最新の雷サージ防護システム設計

黒沢秀行・木島　均　編

社団法人電子情報技術産業協会
雷サージ防護システム設計委員会　著

日本規格協会

編集・執筆者名簿

編集	黒沢	秀行*	元日本電信電話株式会社
	木島	均*	職業能力開発総合大学校
執筆	相川	千博	パナソニックエレクトロニックデバイス株式会社
	新井	慶之輔	富士電機テクニカ株式会社
	石丸	尚達	音羽電機工業株式会社
	岡	律夫	新電元工業株式会社
	栗原	卓	三菱マテリアル株式会社
	佐藤	秀隆	株式会社NTTファシリティーズ
	佐藤	正明	株式会社サンコーシヤ
	西澤	滋	株式会社白山製作所
	古田	繁	株式会社サンコーシヤ
	山田	康春	株式会社サンコーシヤ

(*印:執筆を含む)

まえがき

その昔，大学で専門分野を決める際に，教授や先輩から"ノイズ・雑音分野と，雷サージ・過渡現象分野は避けた方がよい．なぜなら泥沼に入っていく覚悟が必要だから"とアドバイスされたことを思い出した．専門分野選択に関して覚悟を要した雷サージ分野が，近年，物理学・理学の自然科学的なレベルから，工学・技術的に取り扱えるレベルになったので，雷から建築物，人及び電子情報通信処理システムまでを防護するサージ防護システム (SPS) について，わかりやすく記述できるようになった．

最近の雷サージによる機器・設備の破壊・故障・誤動作等の被害の現状と雷サージ防護技術に関しては，第1章末の参考文献等に，一般住宅における雷被害様相，通信機器の雷防護技術，無線中継所・通信センタビルの雷対策及びデータセンタにおける雷対策が述べられている．被害機器・設備及びこれらへの雷サージの侵入様相の調査も進み，諸課題が明らかになりつつある．雷そのものの解明と雷サージ防護に関する JIS 及び IEC 規格の制定が進み，信頼性のより高い IT 社会システム構築に向けて，雷サージ防護対策は進展している．

IEC（国際電気標準会議）におけるサージ防護デバイス (SPD) 及びサージ防護デバイス用部品 (SPDC) 規格体系作りは，日本のイニシアチブで1989年12月から作業が始まり，2003年5月に諸規格が制定され一段落した．

一方，JIS 化の作業は2001年7月から始まり，2006年3月に完了した．IEC 規格の翻訳である JIS の今後の国内での適用については，日本海側の冬季雷の特性，日本独自の配電系統と接地方式及び TOV 規定の仕方，電源線と通信線の双方に接続されている機器，木造主体の住宅等，わが国の自然環境，各種の特殊な方式・システム，居住環境を十分考慮しなければならない．そのために，雷サージデータの収集を行って，国際的に使われている"雷パラメータ累積度

分布の概略値（CIGRE）"及び"IEC 62305-4の雷パラメータの累積頻度分布"
の検証など幅広い作業をしなければならない．国際規格の翻訳JIS導入に伴う
これからの検討課題はまだまだ多い．

　本書の執筆メンバーは，SPD及びSPDCに関して，IECにおける1989年か
らの規格体系作りと，2001年からのJIS化という長期の作業に参画している．
したがって，本書の執筆メンバーは，SPDを用いる雷サージ防護システムに
関して，市場・使用者のニーズ，実際の設計手法，製造技術等を熟知し，長年
にわたりIEC規格・JIS策定を行った実績をもつオーソリティである．執筆者
としてこれ以上の適任者は，現在の日本にはいないと自負する．

　本書は，執筆者一同が現時点での雷サージ防護システム設計等について自信
をもってJISの解説と使用方法及び提案をさせていただくものである．

2006年10月

黒沢　秀行

目　　次

まえがき

1. 本書の概要と構成 …… 9

2. 雷サージ防護システム(SPS)設計の概要

2.1　SPSの概要 ……………………………………………………………… 15

2.1.1　雷サージ防護の考え方とシステム設計の流れ ……………………… 15
2.1.2　雷の発生と雷サージによる被害 ……………………………………… 16
2.1.3　建築物の雷保護システム ……………………………………………… 21
2.1.4　建築物内部の電気・電子設備の雷保護システム …………………… 22

2.2　雷サージ防護デバイス(SPD)の種類と特徴(構造，機能) ………… 24

2.2.1　SPDの機能 ……………………………………………………………… 24
2.2.2　低圧配電システムに接続するSPD …………………………………… 25
2.2.3　通信システム等に接続するSPD ……………………………………… 30
2.2.4　特殊用途のSPD ………………………………………………………… 33

2.3　システムに適したSPDの選定 ………………………………………… 38

2.3.1　SPDのクラス分類 ……………………………………………………… 38
2.3.2　SPDの設置場所と複数SPDの動作協調 ……………………………… 40
2.3.3　システム保護装置とSPDの動作協調 ………………………………… 41

2.4 雷環境の調査及びリスクマネジメント ……………………………… 43

 2.4.1 リスクの要因と種類 ………………………………………………… 44
 2.4.2 リスクの分析及び評価 ……………………………………………… 47
 2.4.3 保護効率・保護レベルの決定 ……………………………………… 51

3. 最新のSPS技術

3.1 建築物等のSPSの考え方と具体的な設計方法 ……………………… 55

 3.1.1 雷撃（雷サージ）の分類・種類と対策 …………………………… 55
 3.1.2 建築物等（内部の人畜を含む）の雷防護（外部LPSと内部LPS） …… 61
 3.1.3 雷保護システム（LPS）の具体的な設計例 ……………………… 66
 3.1.4 従来のLPS［避雷設備（避雷針）］の設計手法 ………………… 74

3.2 建築物内部のSPSと具体的な設計方法 ……………………………… 76

 3.2.1 SPD設計の外部（環境）条件 ……………………………………… 76
 3.2.2 建築物の内部設備・機器のSPS …………………………………… 80
 3.2.3 電源・配電系のSPS ………………………………………………… 81
 3.2.4 情報通信線のSPS …………………………………………………… 84
 3.2.5 大地電位上昇による逆電流の防護システム ……………………… 94
 3.2.6 SPDの設置・防護動作例 …………………………………………… 97

4. SPDの選定方法

4.1 SPDの一般的な事項 …………………………………………………… 107

 4.1.1 低圧配電システム用SPD …………………………………………… 107

	4.1.2 通信・信号回線用 SPD ·································	107
4.2	SPD の特徴・特性パラメータとその選定方法と設置方法 ·········	110
	4.2.1 低圧配電システムの SPS に使用する SPD ················	110
	4.2.2 通信・信号回線の SPS 用 SPD の選定 ··················	122
4.3	SPD の協調 ··	132
	4.3.1 SPD と PIE（防護対象機器）間の絶縁協調 ················	132
	4.3.2 SPD 間の動作協調 ·····································	132
	4.3.3 実際的手法と設置の際の検討事項 ······················	134
	4.3.4 具体的な SPD 間の協調例 ·······························	136

5. SPD の所要性能試験方法

5.1	試験項目及び試験方法 ··	139
	5.1.1 低圧配電システム用 SPS の JIS C 5381-1 における電気的・機械的・環境・安全所要性能 ··························	139
	5.1.2 通信・信号回線用 SPS の JIS C 5381-21 における電気的所要性能 ········	142
5.2	使用者，設計者，製造業者の立場から必要とする所要性能試験方法 ···	144
	5.2.1 低圧配電システムからの誘導雷 SPS 用 SPD ················	144
	5.2.2 通信・信号回線の SPS 用 SPD ··························	150
5.3	SPD の試験波形 ···	160
	5.3.1 低圧配電システムに接続する SPD の試験波形 ·············	160
	5.3.2 通信・信号回線に接続する SPD の試験波形 ···············	160

8

6. SPD用部品（SPDC）の特徴と選定及び所要性能試験方法
…… 165

6.1 ガス入り放電管（GDT） …… 167

6.1.1 GDT（Gas Discharge Tube）の特徴とその選定方法 …… 167
6.1.2 GDTの所要性能試験方法 …… 173

6.2 アバランシブレークダウンダイオード（ABD） …… 179

6.2.1 ABDの特徴とその選定方法 …… 179
6.2.2 ABDの所要性能試験方法 …… 184

6.3 金属酸化物バリスタ（MOV） …… 186

6.3.1 MOV（Metal Oxide Varistor）の特徴とその選定方法 …… 186
6.3.2 MOVの所要性能試験方法 …… 191

6.4 サージ防護サイリスタ（TSS） …… 194

6.4.1 TSSの特徴とその選定方法 …… 194
6.4.2 TSSの所要性能試験方法 …… 198

7. むすび …… 203

8. 雷サージ防護システム設計方法のQ&A …… 209

記号一覧表 …… 223
参照規格一覧 …… 226
索　　引 …… 228

1. 本書の概要と構成

　本書は，"雷サージ防護デバイス（以下，SPDという.）及びSPD用部品（SPDC）を用いたシステム設計"に際して基本となるSPD及びSPDCに関するJIS C 5381-1, -12, -21, -22, -311, -321, -331, -341*の解説・使い方を主に述べる．また，SPD及びSPDCを用いたシステム（以下，SPSという.）に関連するJIS A 4201, C 0367-1, C 60364-4-44, C 60364-5-53, C 0664等の内容についても述べる．

　これらのJISは，IEC規格の翻訳であることと，SPSを設置するわが国の電力送配電システム及び各種通信方式が諸外国と異なるために，JIS化した内容が容易に理解しにくいので，わかりやすく解説する．また，JIS C 5381-1等の制定は2004年から始まったので，本書ではその後のIECでの見直し作業結果を参照して，現行JISの今後の見直しを先取りして解説する．

　これらのJISの関連・体系図を図1.1.1に示す．

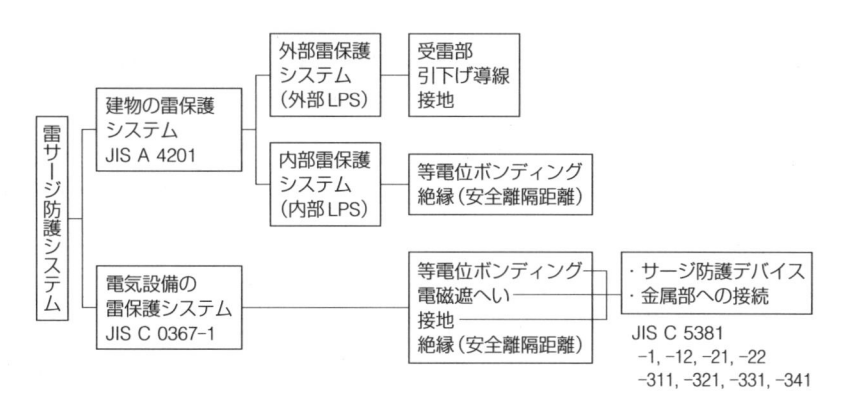

図 1.1.1 雷サージ防護システムに関連するJIS

---

*　規格の名称は，巻末"参照規格一覧"（226ページ）を参照されたい．以下，同じ．

雷の特性の解明及び"SPS設計"は，雷サージの発生頻度，雷サージ電圧・電流値の分布，サージ波形の波頭長・波尾長の分布等，すべて統計数学的な数値を扱う作業であり，確率的に発生するリスクマネジメントそのものである．"SPS設計"は通常，次のような流れで作業が進む．

① SPSを設置する建物等の雷サージの各種環境パラメータの決定．
② 許容落雷数（回/年）を見積もり，目標の保護効率を実現するSPSによる対処方法の解析・効果・評価と決定（リスクマネジメント）．
③ 被防護システムの特性に合致するSPD所要特性と設置等の決定．
④ SPDの所要特性を実現するSPDCの選定．
⑤ SPD及びSPDCの性能を試験する試験波形・電圧・電流等の決定．

JISは本来，主要項目について標準として制定される規格である．したがってSPS設計に必要なすべての項目を規格化してはいない．本書の各章ではSPS設計の流れに沿って，①始めにJISの解説と使い方を述べ，②次いで規格化されていない箇所について，各種文献・資料の解説で補完し，③従来の設計手法と執筆者の設計手法等を述べて，全体で設計が完結するように記述している．本書は，読者自らが実用的なシステム設計を行えるガイダンスを目指す．すなわち，読者・設計者が，この1冊を目次の流れに沿って理解して作業を進めれば，一つのSPS設計が完了できる．

自然現象である雷の諸特性，建築物の雷防護，建物内の設備・機器の雷サージ防護，電子機器・装置に対するSPDの選び方・使い方に関して，専門分野ごとの知識のら列・解説をしている従来のハンドブックのようではなく，"発生源の雷から防護対象の電子装置・機器・回路までをトータルなシステム"ととらえて，SPS設計に必須の事項をバランスよく記述して，SPDの適切な使い方を述べている．以下に各章の意図する概要を述べる．

第2章"雷サージ防護システム（SPS）設計の概要"では，SPS及びSPDにはどのようなものがあり，その特徴とシステムに適したSPDの選定等の概要について述べる．また，雷環境の調査及びリスクマネジメントについて述べる．2.1 "SPSの概要"では，雷サージ防護の考え方とシステム設計の流れ，雷環

1. 本書の概要と構成　　　　　　　11

境の調査データ，雷の発生と雷サージによる被害，建築物の雷保護システム及び建築物内部の電気・電子設備雷保護システムの概要について述べる．2.2"雷サージ防護デバイス（SPD）の種類と特徴"では，SPDの機能，低圧配電システム及び通信・信号回線に接続するSPDの構造，種類と特徴及び各システム接地間のSPD，耐雷トランス等の特殊用途SPDの概要について述べる．2.3"システムに適したSPDの選定"では，SPD適用場所の雷サージの大きさに応じた試験方法，すなわち，電源回路用SPD試験のクラス分類及び通信・信号回線用SPD試験のカテゴリ分類について述べ，SPDの設置場所と複数SPD及びシステム保護装置とSPDとの動作協調概要について述べる．また，2.4"雷環境の調査及びリスクマネジメント"では，JISにおけるリスクマネジメント等の現状，リスクの要因と種類及び分析・評価について述べ，許容落雷数（回/年）に基づく保護効率・保護レベルの決定と，これを実現するためのSPSによる対処方法決定の仕方について述べる．リスクマネジメントは，雷害に関する世間一般の各種の保険設計に相当するので，設計と実際の結果等を積み上げて，リスクマネジメントの精度を上げていく努力が必要である．

第3章"最新のSPS技術"では，JISにおけるSPSの概念・技術項目等の重要事項を解説・記述する．また，従来のSPS設計について述べ，執筆者が考えるSPS設計を提示する．

3.1"建築物等のSPSの考え方と具体的な設計方法"に関して，3.1.1で，雷サージの分類・種類と対策について，直撃雷，誘導雷，落雷による大地電位上昇に伴う逆流雷サージ対策及び設計用の雷電流パラメータ選定方法，並びに雷保護システム（LPS）について述べる．3.1.2で，雷保護領域等のJISの基本的な考え方である外部LPS（受雷部，引下げ導線，接地），及び内部LPS（等電位ボンディング，安全離隔距離の確保）について述べ，次に3.1.3"LPSの具体的な設計例"で，システム設計をする際の保護レベルの選定，外部LPS及び内部LPSの設計等で使うパラメータの決め方を述べ，また，3.1.4で，従来の避雷設備の設計手法及び執筆者が最適と考えるSPS設計方法を述べる．

3.2"建築物内部のSPSと具体的な設計方法"に関して，3.2.1"SPD設計の

外部（環境）条件"で，雷サージ侵入経路，侵入する電圧の種類について述べ，3.2.2で，"建築物の内部設備・機器のSPS"について，電源系統にSPSを設置する場合の設計及びSPDの選定の手順について述べる．3.2.3"電源・配電系のSPS"について，各種設計パラメータの選定及び設置例を示す．3.2.4"情報通信線のSPS"について，SPDの選定方法及び通信と電源ポートを持つ情報通信装置の雷防護例について述べ，次いで宅内情報通信装置，通信センタビル，山頂基地局，計装用装置，火災報知設備の具体的な雷サージ防護システムについて述べる．3.2.5"大地電位上昇による逆電流の防護システム"について，接地（等電位ボンディング，接地線の長さ・サイズ・配置）とSPDの選定及びSPSの設計の考え方を述べ，設置電極からの距離と大地電位上昇電圧の関係等の設計パラメータを例示する．3.2.6"SPDの設置・防護動作例"で，低圧配電システム及び通信・信号回線用SPDの設置・防護動作例及び従来の考え方・方法と執筆者が考える最適なSPDの設置・防護動作例を提示する．

第4章"SPDの選定方法"に関して，4.1"SPDの一般的事項"で，低圧配電システム及び通信・信号回線用SPDの種類・性能及びSPD選定に際しての考慮すべき項目と条件について述べる．4.2"SPDの特徴・特性パラメータとその選定方法と設置方法"で，低圧配電システム及び通信・信号回線用SPDの特徴と設計上留意しなければならない特性，設計時の特性パラメータ決定，SPDの設置方法・設置場所，エネルギー協調及び設置例，並びに従来のSPDの選定方法と設置方法を述べる．次いで，4.3"SPDの協調"では，SPDと防護対象機器（PIE）間の絶縁協調，SPD間動作協調の基本的な協調方式とエネルギー協調を述べ，具体的なSPD間の協調例について述べる．

第5章"SPDの所要性能試験方法"に関して，5.1で，低圧配電システム及び通信・信号回線用に関しての電気的・機械的・環境・安全所要性能について述べ，5.2で，低圧配電システム及び通信・信号回線用の所要性能試験項目のうち，使用者，設計者，製造業者の立場から重要と考えられる項目について測定方法と試験回路について述べる．次いで，5.3で，低圧配電システム及び通信・信号回線用SPDのクラス及びカテゴリごとの試験波形をまとめて示し，

従来の経緯について述べる．

第6章 "SPD用部品（SPDC）の特徴とその選定及び所要性能試験方法" では，6.1で，ガス入り避雷管（GDT），6.2で，アバランシブレークダウンダイオード（ABD），6.3で，金属酸化物バリスタ（MOV），6.4では，サージ防護サイリスタ（TSS）に関して，第5章でJISが示しているSPDの特徴とその選定方法と関連付けてSPDCの選定方法について述べ，次いで第5章で示した使用者，設計者，製造業者の立場から重要と考えられる項目の所要性能試験方法に関連付けて，SPDCの所要性能試験方法について述べる．従来のSPDCの選定方法の考え方と執筆者が考える方法についてもデバイスごとに述べる．

第7章 "むすび" では，本書の要約及び各章の提言・結言について記述する．

第8章に，本書の理解を補強するために，"雷サージ防護システム設計方法のQ＆A"を載せる．このQ＆Aによって，実用的な設計能力が一層増す手助けになると信じる．

参考文献

1) （財）電力中央研究所編，横山茂（2005）：配電線の雷害対策，オーム社
2) 髙橋健彦編，雷保護システム普及協会（2005）：IT社会と雷保護システム，日刊建設通信新聞社
3) 雷害リスク低減コンソーシアム監修（2004）：わかりやすい雷害対策，日本実務出版
4) 妹尾堅一郎編，雷害リスク低減コンソーシアム（2003）：急増する新型被害への対策雷害リスク，ダイヤモンド社
5) ミマツコーポレーション：特集 電気設備と最新の雷保護技術，月刊EMC，No. 203，2005年3月号
6) ミマツコーポレーション：特集 通信設備とデータセンタの雷対策，月刊EMC，No. 202，2005年2月号
7) 雷保護システム普及協会：雷保護システムの設計・施行・検査及び保守点検の実務2005年度版
8) ミマツコーポレーション：IEC37A/B (低電圧サージ防護デバイス及びデバイス用部品) の動向，月刊EMC，No. 186，2003年10月号，No. 187，2003年11月号

9) ミマツコーポレーション：IEC37A/B（低電圧 SPD 及び SPD 用部品）と JIS, 月刊 EMC, No. 188, 2003 年 12 月号

2. 雷サージ防護システム（SPS）設計の概要

この章では，JIS A 4201, C 0367-1, C 5381 シリーズ（JIS C 5381-1, -12, -21, -22）及び関連する事項の概要について記述する．

2.1 SPSの概要

自然現象である落雷は，2 kA から 200 kA を超えるような落雷電流が流れ，そのエネルギーは数百メガジュールといわれている．このような落雷の脅威から建物や内部の電気・電子設備の被害を防ぐには，合理的で経済的な防護システムが必要となる．

2.1.1 雷サージ防護の考え方とシステム設計の流れ

"SPS設計"は，通常，次のような順序で作業を進めていく．
① システムを設置する雷サージ環境の調査，各種環境パラメータの決定．
② 所要の障害率，MTBF（平均故障間隔）等を実現するためのSPSによる対処方法の解析・効果・評価と決定（リスクマネジメント）．
③ 防護するシステムの特性に合致するSPDの所要特性と構成等の決定．
④ SPD用部品（以下，SPDCという．）の選定，SPDの所要特性の実現．
⑤ SPD及びSPSの性能を試験する試験波形・電圧・電流等の決定．

ここでは，SPS設計の①に関しての概要を，JIS A 4201：2003を基本に説明する．

大地や建物に設置された雷保護システム（旧称"避雷設備"．以下，LPSという．）への落雷で，雷電流は大地に放流されるが，雷電流の通過に伴い電磁的結合によって，近隣に過電圧（サージ）が発生する．発生したサージはケー

ブルを伝わって電気・電子設備に侵入し，各所に被害を発生させる（図2.1.1）．

このような直撃雷及び雷サージの侵入による被害の発生を防止するシステムがSPSである．しかし，巨大なエネルギーをもつ雷の場合，建物そのものから過電圧に特に弱い電子機器まで確実に防護するためには，段階的にエネルギーを低減させる方法によって，はじめて可能となる．

まず雷撃を確実に捕捉し，速やかに大地に放流するLPSを設計し，建物と内部の人に対する防護をする．次に，雷電流通過により発生する雷サージを抑制し，危険のないレベルまで制限する等電位ボンディング，電磁遮へい，SPD等を使用した防護システムにより，内部の電気・電子設備の防護をする．

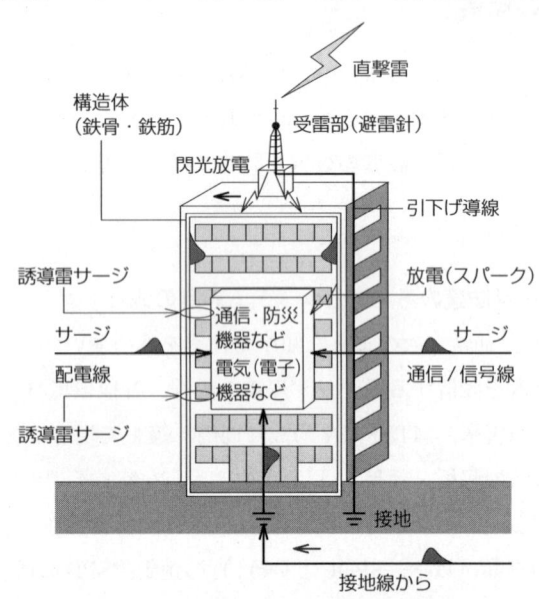

図2.1.1 落雷時の誘導雷サージ発生状況

2.1.2 雷の発生と雷サージによる被害
(1) 雷の発生
落雷原因の雷雲は，大規模で強力な高湿度の上昇気流が上空の低温領域で生

2.1 SPSの概要

成される積乱雲であり，季節や気象条件により発生し，夏季雷（熱雷），界雷，冬季雷に分類されている．

なお，雷雲発生のメカニズムを図2.1.2，日本全国を緯度，経度15′ごとに区切ったます目地域内1年間当たりの雷雨日数を示した年間雷雨日数分布図（IKLマップ，Isokeraunic Level Map）を図2.1.3，電界アンテナと磁界アンテナの2種類の観測センサを使用して，電気的な信号による雷の位置を評定する落雷位置評定システム［(株)フランクリン・ジャパンが運営する全国雷観測ネットワーク：JLDN］のデータによる年間落雷日数（夏季，冬季）を図2.1.4に，夏季及び冬季の年間落雷日数マップをそれぞれ図2.1.5と図2.1.6に示す．

わが国の多雷地区は，北陸地方，北関東の山地，鈴鹿山脈地域，日田盆地地域などである．

(a) 夏季雷（熱雷） 夏季雷（熱雷）は，夏季の強い陽射しにより発生する高湿度の上昇気流が，上空の低温領域（−20～−30℃）で積乱雲（入道雲）となり，その内部の氷粒（雹や霰）や氷晶の衝突による電荷発生が，雷発生の最初の原因である．比較的低温度で軽い氷晶に帯電した正電荷は上昇気流により

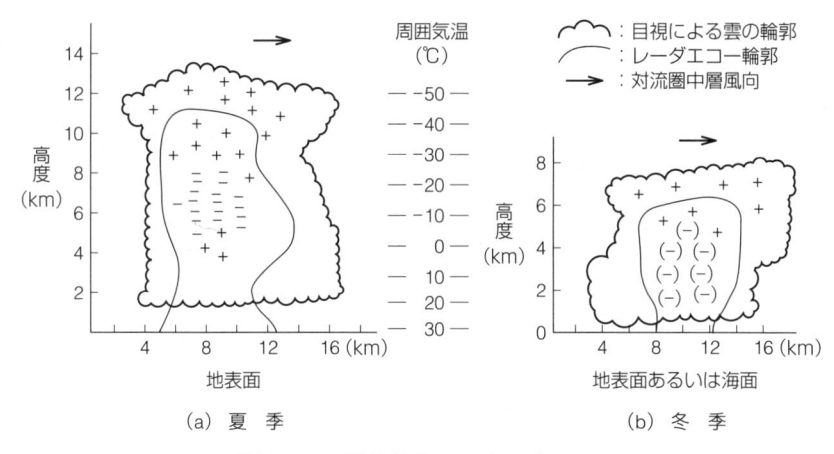

図2.1.2 雷雲発生のメカニズム

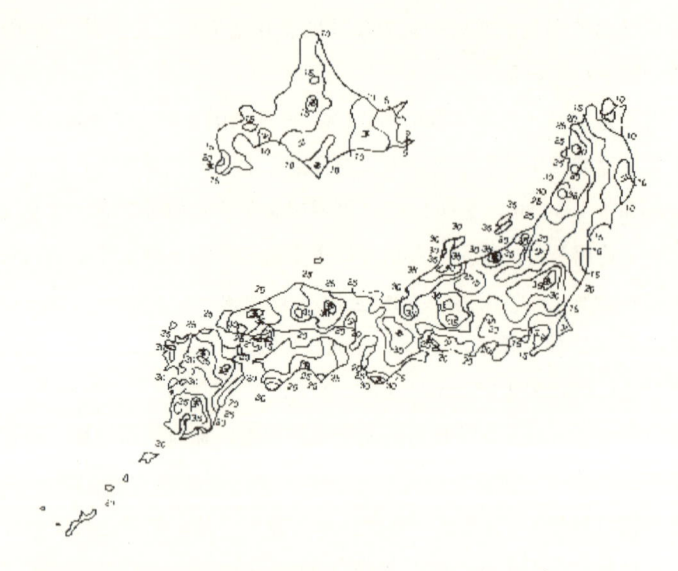

18　　　2.　雷サージ防護システム (SPS) 設計の概要

図 2.1.3　年間雷雨日数分布図（IKL マップ，Isokeraunic Level Map）

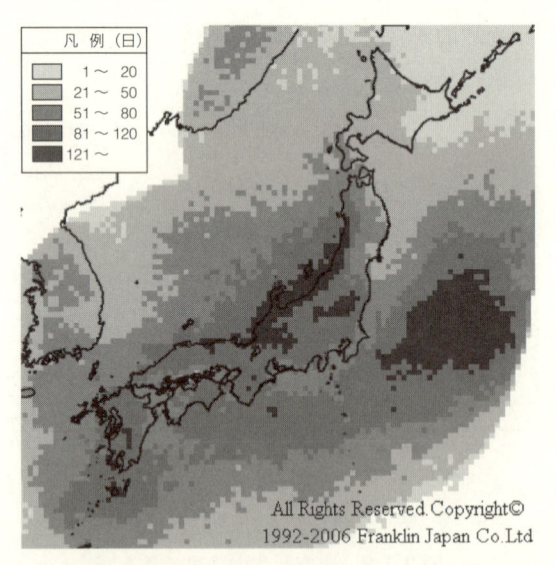

図 2.1.4　落雷位置評定システムのデータによる年間落雷日数
（2000〜2003 年の 4 年間の積算値）（1 メッシュは 20 km × 20 km）
（URL　http://www.fjc.co.jp/jldn/data.html）

2.1 SPSの概要

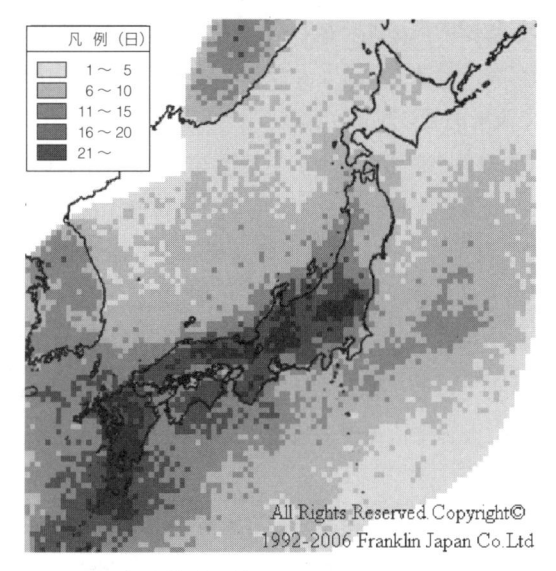

図 2.1.5　年間落雷日数マップ（夏期期間：4月から9月）

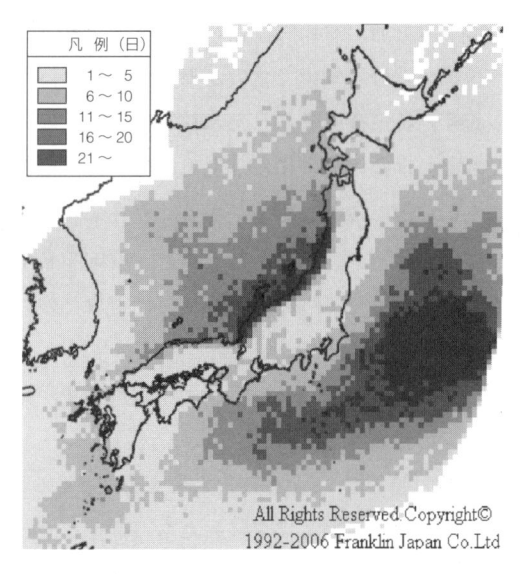

図 2.1.6　年間落雷日数マップ（冬期期間：10月から3月）

雲上方に分布し，比較的高温度で重い氷粒（雹や霰）に帯電した負電荷は質量により雲の下方に多く分布することとなる．夏季雷は，雲の下部（雲底）は地上高2～3kmで比較的雲の位置が高く，この雲底に分布している負電荷が大地との間で放電するのが落雷であり，夏季雷の約90％は負極性の落雷であるといわれている．なお，雷雲間で放電する雲間放電は，落雷としては扱わない．

(b) 界雷　界雷は，寒冷前線又は温暖前線のような，温暖な気流の塊（気団）と寒冷な気団との境界で生じる激しい上昇気流によって発生するものである．どちらの前線の場合でも，湿った暖かい気団が上方に押し上げられて，雷雲を発生させることとなる．界雷では雲底が数百メートルと比較的低い位置にあり，前線の移動に伴って広範囲の地域で落雷を発生させ，多くの被害を及ぼすことがある．

(c) 冬季雷　青森県から福井県までの日本海沿岸では，冬季にも多くの雷発生が見られ，年間雷雨日数のほぼ半数を占めており，世界的にも珍しい現象といえる．これは界雷の一種ともいわれ，非常に特徴的である．

この冬季雷は，日本海を通る対馬暖流から水蒸気が上昇し，相対的に低温度である上空のシベリアからの寒気中で雷雲が形成される．海上で発生したこの雷雲は低い位置にあり，負電荷に帯電した氷粒（雹や霰）は，上昇気流が発達していない状況なので，氷粒の質量により海上にほとんど落下してしまう．その結果，陸上では，正電荷に帯電した氷晶が多く存在する雷雲と，大地との間で放電することとなる．このように冬季雷では，一般的な夏季雷の負極性落雷に対し正極性の落雷が比較的多く（約30～50％），雷放電のエネルギーも非常に大きいものが見られる．

(d) その他の雷　その他，火山爆発の際などにも雷発生が見られる．

(2) 雷及び雷サージの被害

(a) 落雷による被害　直撃雷による被害として数件/年の人的災害があり，登山中やグラウンド，ゴルフ場等又は避難した木の下などでの被害が報告されている．建物の被害としては，神社仏閣等の被害がときどきあり，東京都庁ビルの壁面や国会議事堂の屋根部損傷などのように避雷設備が設置されているに

もかかわらず，被害の発生が報告されている．さらに大規模の山火事なども落雷が原因とされる．

このように直撃雷による被害には，感電による事故と，強大なエネルギーによる構造物の破損や損傷，火災や爆発の発生等があげられる．

(b) 雷サージによる被害　雷電流自身及び雷電流により発生した雷過電圧（サージ）による被害としては，主として建物内部に設置された電気・電子設備の被害があげられる．被害の種類としては，過電流及び過電圧によるもののうち，サージ電圧による電子機器の絶縁破壊の発生頻度が多い．最近多く使用されている電子機器は，一般的に過電圧に弱く，雷サージによって絶縁破壊される被害例が多い．また，絶縁破壊に至らない場合でも，システムの誤動作などの不具合発生が顕在化している．

低圧回路に使用される機器について，従来インパルス電圧に対する耐性が規定されていなかったが，最近になって低圧機器のインパルス耐電圧に対するJIS C 0664が制定された．今後，各種の低圧機器の個別JISに定格インパルス耐電圧の規定を盛り込むことが期待される．

2.1.3　建築物の雷保護システム

JIS A 4201：2003では，建物及び内部の人畜のための雷保護設備を，従来は避雷設備（避雷針）と称していたが，新しく雷保護システム［Lightning Protection System（LPS＝外部LPS＋内部LPS）］と定義することとし，それに関して各種の規定をしている．

外部LPSは，雷撃を捕捉する受雷部，雷電流を流す引下げ導線，及び雷撃電流を大地に放流する接地極システムで構成し，旧JIS（A 4201：1992）の避雷設備に相当する．

従来は，避雷設備があれば建物及び内部の人間は保護されるとしていたが，新JIS（A 4201：2003）では，これだけでは不十分であり，外部LPSに流れる雷電流により建物内金属部分で過電圧が発生し，その結果の火災や爆発の危険性を防止するために，内部LPSが必要であるとしている．

内部LPSとは，等電位ボンディング及び安全離隔距離の確保等を意味し，火花が発生するような過電圧の防止又は接触による感電事故を防止するものである．

等電位ボンディングとは，外部LPSに対して建物内金属部をすべて接続することで，その結果，外部LPSと金属部との間が等電位化され，火花発生する過電圧は防止できる．しかし，直接ボンディングできない引込線の電力用及び通信用ケーブルなどは，SPDを介してボンディングする．なお，このSPDは，内部の電気設備に対する過電圧防護を考慮した選定と適用をすることが必要である．

このように，雷保護システムは直撃雷からの被害を防ぐ基本的なものとして位置付けられ，雷電流の大部分を大地に確実に放流させることが重要である．

2.1.4　建築物内部の電気・電子設備の雷保護システム

建物内部の電気・電子設備の保護については，JIS C 0367-1及びその他の規格による．しかし，建物保護の接地と等電位ボンディングなどは，内部設備の雷防護にも利用すべきで，関係規格にもそれぞれ規定している．

被害の原因である雷撃の定義では，各種の落雷を第1雷撃，後続雷撃，長時間継続雷撃の3種類に分類し，それぞれの雷電流パラメータを規定している．

非常に大きなエネルギーの雷撃に対し，内部設備に対する合理的で経済的な防護システムを設計するために，対象空間を異なる電磁条件の保護領域に分類した雷保護領域（LPZ）という概念を導入している．LPZは，LPSの保護範囲内外，建物の内部やシールドルームの中，金属製の盤内，サージ防護デバイスの設置等で形成し，雷撃，雷電流やそれによる電磁的影響を段階的に低減させていき，保護を確実にしている（図2.1.7，表2.1.1）．

このように分類，分割されたLPZの境界を貫通する金属製部品は，境界部分での等電位ボンディングや接地が必要で，さらに電磁遮へい対策も重要である．電力線や通信線などは，SPDを介して接続し過電圧を低減させて，内部の電気・電子設備を防護することができる［LPZの詳細については，3.1.1項(3)(b)参照］．

2.1 SPSの概要

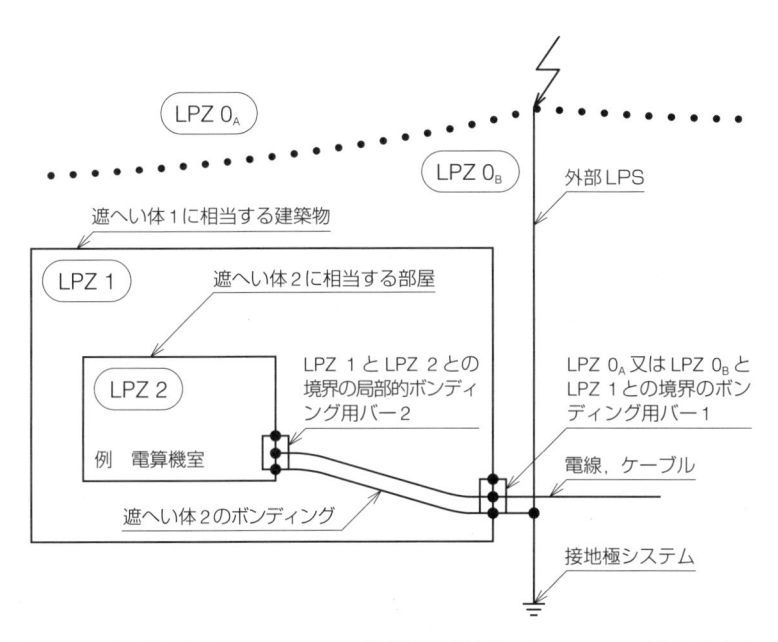

図 2.1.7 建築物を幾つかの LPZ に分割し，適切にボンディングを施した例
(JIS C 0367-1 付図 4)

表 2.1.1 雷保護領域 (LPZ) の定義

LPZ	定　義
LPZ 0_A	直撃雷にさらされる空間で，全雷電流が流れ，雷による電磁界は減衰していない領域．
LPZ 0_B	直撃雷にはさらされないが，雷による電磁界は減衰していない領域．
LPZ 1	直撃雷にはさらされず，領域内に流れ込む雷電流は LPZ 0_B 内より低減している．この領域に遮へい対策を施せば，雷による電磁界は減衰する．
LPZ 2〜	電流及び電磁界を更に減少させる必要のある場合に，これら LPZ 2 以降の領域を導入する．

2.2 雷サージ防護デバイス（SPD）の種類と特徴（構造，機能）

低圧配電システムに接続するSPDの種類及び特徴については，JIS C 5381-1及び-12に，通信及び信号回線に接続するSPDについてはJIS C 5381-21及び-22に規定している．

2.2.1 SPDの機能

SPDは，防護する機器の直前に設置する．これらの機能は，次の事項を満たす性能をもつことが必要である．

（a）サージがない場合　SPDは，これを適用するシステムの動作特性に強い影響を与えてはならない．

（b）サージが発生中の場合　SPDは，サージに応答しそのインピーダンスを低下して電流を分流し，電圧をその防護レベルに制限する．このサージによって，SPDを経由して続流が生じてはならない．

（c）発生後の場合　SPDは，サージが去った後，高インピーダンス状態に復帰し，続流を遮断する．SPDの特性は，正常な動作条件で，(a)～(c)の機能を満足するように規定する．SPDの適用に関連して，次の所要性能を追加する必要がある．

・感電保護（JIS C 60364-4-41に規定している．）
・SPDが故障の場合の安全性

　　サージがその設計最大エネルギー及び放電電流耐量より大きい場合，SPDは故障又は破壊することがある．SPDの故障モードとしては，開放モード及び短絡モードがある．

　　開放モードでは，防護するべき系統をもはや防護しなくなる．この場合，SPDの故障は系統にほとんど影響がないので検知することが困難である．次のサージ印加前に故障したSPDの交換を保証するため，一般的には何らかの表示機能を具備している．

　　短絡モードでは，故障したSPDによって系統は著しい影響を受ける．

電源から短絡電流が故障した SPD を通って流れ，短絡電流の通電中に消費エネルギーは過度になり，火災を引き起こすことがある．防護すべき系統に，故障した SPD を SPD 回路から切り離す適切な装置がない場合は，短絡モードの SPD に適切な分離器が必要になることがある．

2.2.2 低圧配電システムに接続する SPD

交流 100 V 又は 200 V の配電線は，一般に架空線が使用されており，特に郊外では，比較的長距離配電されているので，雷の放電時に大きな雷サージが誘導される．したがって商用電源を使用している機器は適切な雷サージ防護が必要となる．

電源回路の雷サージからの防護方法としては，ガス入り放電管（以下，GDTという．），バリスタ等の放流素子を組み合わせた電源用 SPD で雷サージを大地に放流する放流形と，シールド付きの高耐電圧絶縁トランスと電源用 SPD とを組み合わせた特殊な SPD（通称，耐雷トランス）を使用することがある．前者は小型で廉価なので一般の電源防護に多く使用されている．後者は，装置が比較的大型で設備費が高額になるが，予想される異常電圧の範囲内では確実に防護ができるので，無線中継所等過酷な使用条件の設備の防護や，重要回線の電源の防護に使用している．

電源用 SPD の素子としては，続流の遮断のために GDT とバリスタを使用する．バリスタのみを電源回路に使用した場合には，雷サージによる動作回数の増加に従って特性が劣化すると漏れ電流が増加し，ついには焼損に至ることも考えられるので，漏れ電流遮断のため GDT をバリスタと直列に接続し，内部に温度ヒューズを内蔵させるのが一般的である．

（1）SPDの構造

SPD には，回路への接続端子の形態から，1ポート SPD と 2ポート SPD がある．それぞれの SPD の特徴及び表示例を表 2.2.1 に示す．

表2.2.1 SPDの構造

構造の区分	特徴	表示例
1ポートSPD	1端子対（又は2端子）をもつSPDである．防護する機器に対してサージを分流するように接続するSPD．	SPD
2ポートSPD	2端子対（又は4端子）及び5端子対などの機能をもつSPD．SPDは入力端子対と出力端子対間に直列のインピーダンスをもつ．主に通信・信号系に使用され，電源回路に使用されるのはまれである．	SPD

(2) SPDの種類

SPDの種類として次の3種類がある．

(a) 電圧スイッチング形SPD サージを印加していない場合は高インピーダンスであるが，電圧サージに応答して瞬時にインピーダンスが低くなるSPD．電圧スイッチング形SPDに使用する素子の一般的な例は，エアギャップ，ガス入り放電管，サイリスタ形サージ防護素子及び双方向3端子サイリスタ（トライアック）がある．これらを"crowbar-type"と呼ぶ場合がある．

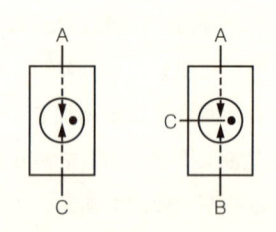

図2.2.1 電圧スイッチング形SPDの例
(2極GDT, 3極GDT)
(JIS C 5381-311 図1, 図2)

(b) 電圧制限形SPD サージを印加していない場合は，高インピーダンスであるが，サージ電流及び電圧が増加するに従い連続的にインピーダンスが低

2.2 雷サージ防護デバイス (SPD) の種類と特徴

くなる SPD. 非直線デバイスとして使用する部品の一般的な例としては, バリスタ及び定電圧ダイオードがある. これらの SPD は "clamping-type" と呼ぶ場合がある.

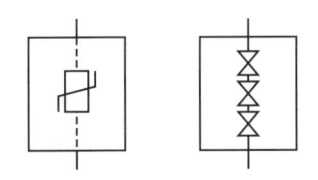

図 2.2.2 電圧制限形 SPD の例

(c) 複合形 SPD 電圧スイッチング形の素子及び電圧制限形の素子の両方を合わせもつ SPD. 印加電圧の特性に応じて, 電圧スイッチング, 電圧制限又は電圧スイッチング及び電圧制限の両方の動作をしてもよい.

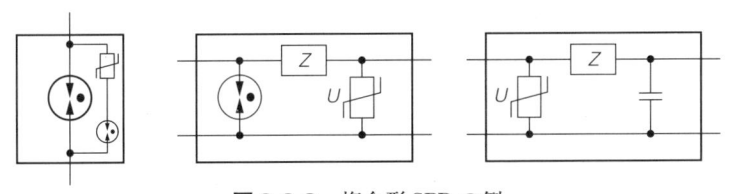

図 2.2.3 複合形 SPD の例

代表的な SPD の種類及び SPD 内に使用している素子の例を表 2.2.2 に, また代表的な SPD にコンビネーション波形を印加した場合の 1 ポート SPD 及び 2 ポート SPD の動作例を表 2.2.3 に示す.

表 2.2.2 SPD の種類

構造	機能	SPD 表示例	備考
1ポートSPD	電圧スイッチング形 SPD		エアギャップ　ガス入り放電管 サイリスタ形素子
	電圧制限形 SPD		バリスタ　サプレッサ形素子
	複合形 SPD		直列組合せ 並列組合せ
2ポートSPD	複合形 SPD		SPD は入力端子対と出力端子対間に直列のインピーダンスをもつ（表示例の中のZ はインピーダンス）．次の図のように3端子の場合もある．

2.2 雷サージ防護デバイス(SPD)の種類と特徴　　　　29

表2.2.3 1ポートSPD及び2ポートSPDの動作例

コンビネーション波形	1.2/50波形	8/20波形
	回路構成	電圧応答波形
1ポート 電圧スイッチング形SPD（ガス入り放電管）		
1ポート 電圧制限形SPD（バリスタ）		
1ポート 複合形SPD		
2ポート 複合形SPD		

2.2.3 通信システム等に接続するSPD

通信システムに接続するSPDに関してはJIS C 5381-22の中に詳細に記述している．電圧制限デバイスについては附属書Aに，電流制限デバイスについては附属書Bに示されている．通信システム等に接続するSPDについての分類を表2.2.4に示す．

表2.2.4に示すデバイスは，通信用SPDとして単独に用いる場合と組み合わせてSPDを構成する場合があるが，電流制限デバイスだけを用いて通信用

表 2.2.4　通信システム等に接続するSPD

分類		名称	
電圧制限デバイス	電圧クランピング形デバイス	金属酸化物バリスタ（MOV）	
		シリコン半導体	・順バイアスPN接合 ・アバランシブレークダウンダイオード（ABD） ・ツエナーダイオード ・パンチスルーダイオード ・フォールドバックダイオード
	電圧スイッチング形デバイス	ガス入り放電管（GDT）	
		エアギャップ	
		サージ防護サイリスタ	・サージ防護サイリスタ一定電圧形（TSS） ・ゲート付きサージ防護サイリスタ（TSS）
電流制限デバイス	電流遮断デバイス	ヒューズ抵抗	・圧膜抵抗 ・巻線形ヒューズ抵抗器
		ヒューズ	
		温度ヒューズ	
	電流低減デバイス	ポリマPTC	
		セラミックPTC	
		電子式電流制限器	
	電流分流デバイス	ヒートコイル	
		電流動作形ゲート付きサイリスタ	
		温度スイッチ	

SPDを構成するものはない．日本国内においては有線電気通信設備令，同施工規則に，"屋内の有線電気通信設備と引込線の接続箇所及び…(中略)…交流500 V以下で動作する避雷器及び7 A以下で動作するヒューズ若しくは500 mA以下で動作する熱線輪からなる保安装置又はこれと同等の保安機能を有する装置を設置すること."とあり，加入者保安器がこれに該当する．

電圧制限形デバイスは，電圧クランピング形（電圧制限形）デバイスと電圧スイッチング形デバイスに大別される．表2.2.3に示すとおり，電圧クランピング形デバイスは応答動作波形がおおむね一定であるが，電圧スイッチング形デバイスは，急激な維持電圧の変化がある．両デバイスは長所，短所を持ち合わせているため適正な選定が必要であるが，以下の内容は重要な事項である．

電圧スイッチング形デバイスは，適用する信号電流に対する復帰動作（インパルスリセット）が確実に行えることを考慮して使用しなければならない．一方，電圧クランピング形デバイスは，これを考慮する必要がない．

通信システムに接続するSPDの一般的な回路構成を図2.2.4に示す．

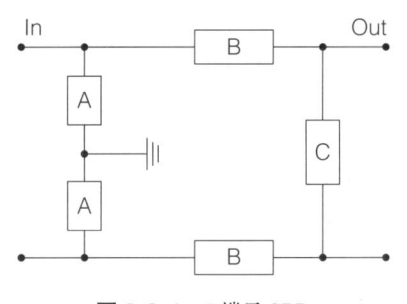

図2.2.4 5端子SPD

この図は，5端子SPDと呼ばれるもので，1対の通信線に接続されるSPDとして基本的なものである．この図においてデバイスAは，通常電圧制限デバイスを用い，通信線から侵入した雷サージを大地へ流す働きをする．

一般には，電流耐量と伝送特性上有利である電圧スイッチング形デバイスのGDTやTSSが多く用いられている．GDTの場合，この図では2デバイスを使用しているが，2デバイスを一体化させた3極GDTを通常使用している．

デバイス B は，継続的な過渡電流を遮断するための動作のために使用する．JIS C 5381-22 の附属書 B に示す電流制限デバイスが用いられるが，どのタイプを用いるかは，要求される特性と機能によって決まる．例えば，一般通信回線に使用されている多くは，インパルス耐久性が高く，定格電流の小さいセラミック PTC やヒューズ抵抗が用いられている．また，デバイス B は，被保護装置や多段防護を構成し協調させるために，雷サージ電流に対して抵抗性が現れるデバイスを使用する場合もある．

デバイス C は，デバイス A の雷サージ侵入時の動作不ぞろいや，次に述べる片動作時に発生する線間電圧を低減させるために使用する場合がある．

3 極 GDT を使用する場合は，動作不ぞろいは，1μs 以下であり，発生する電圧も 1 kV 以下に低減できるため，使用していない例も多く見られるが，接続される端末装置のインピーダンスが低い場合には注意が必要である．例えば，デジタル端末の場合において，雷サージ電流が数百アンペア程度以上あれば図 2.2.5 (a) に示す正常動作となるが，数十アンペア以下の場合には，同図 (b) に示す片動作が発生する場合がある．これは，先に動作したライン側の大地電位が低くなり，他方のラインに侵入した雷サージ電流が端末装置を通過しても大地電位が上昇せずこの側のギャップが動作しないために起こる．これを回避する手段としてデバイス C には，最大連続使用電圧に比べて，電圧防護レベルの低い TSS, MOV や ABD を使用するのが効果的である．

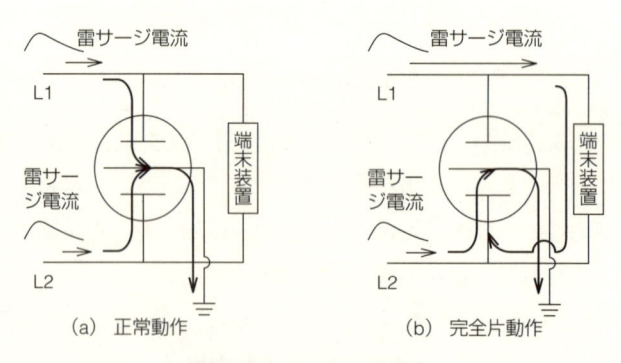

図 2.2.5　GDT の片動作

主要な通信システムに使用する主なSPDの特徴を表2.2.5に示す．

表2.2.5 通信システム用SPD

名　称	適用場所	特徴・仕様等
通信回線用加入者保安器	加入者宅	3極放電管，ヒューズで構成され，戸外で使用されることから防雨構造をもった筐体に収容して使用される．集合住宅に適用する場合には，10回線分を収容できる筐体に納め小型化するために高密度実装したものもある．また，電力線混触時の継続的な電流による連続動作での過熱を防止するため短絡機構が設けられている．
通信回線用局用保安器	通信局舎	最近では，TSSだけで構成し，高速動作に対応している．
CATV用保安器	加入者宅	SPDCとして，GDT及びヒューズで構成されているが，高周波特性性能を向上させるため，整合回路を含めている．また，戸外で使用されるため，防雨構造をもった筐体に収容されている．
LAN用保安器	データセンタ等のLAN装置	Cat 5, 5e等への対応のため挿入損失等による信号への影響を与えないように作られている．GDT，TSS，ABD等を用いて防護回路を構成している．
データ用保安器	工場等	工場設備の集中制御等に使用される場合があり，使用電圧が種々あることから定格電圧の種類が多い．多段防護回路を構成して，電圧防護レベルを低く抑え，周波数特性性能を確保しているものが多い．

2.2.4　特殊用途のSPD

JISに規定されていないSPDであるが，従来使用されてきた特殊な用途に使用するSPDを次に示す．

（1）接地極間用SPD

電気設備技術基準に基づき設計・施工した施設にあっては，感電保護の観点からB種接地の独立が要求される一方，JISとの整合を図って等電位化することが必要になってくる．接地極には表2.2.6に示すように，避雷針用A種，B

表2.2.6 接地の種類と接地抵抗値（電気設備技術基準の解釈・第19条）

接地の種類	接地抵抗値
A種	10 Ω 以下
B種	変圧器の高圧側又は特別高圧側の電路の一線地絡電流のアンペア数で150（変圧器の高圧側の電路又は使用電圧が35 000 V以下の特別高圧側の電路と低圧側の電路との混触により低圧電路の対地電圧が150 Vを超えた場合に，1秒を超え2秒以内に自動的に高圧電路又は使用電圧が35 000 V以下の特別高圧電路を遮断する装置を設けるときは600）を除した値に等しいオーム数以下
C種	10 Ω 以下（低圧電路において，当該電路に地絡を生じた場合0.5秒以内に自動的に電路を遮断する装置を施設するときは500 Ω）
D種	100 Ω 以下（低圧電路において，当該電路に地絡を生じた場合0.5秒以内に自動的に電路を遮断する装置を施設するときは500 Ω）

種，C種及びD種の接地極がある．各接地極，建築物の基礎又は建築物の鉄筋及び鉄骨をすべて接続する（連接接地）か，一つの接地極に接続して（共用接地）施設及び装置の等電位化を図ることが一般的であるが，装置及び機器がノイズに敏感な場合，B種接地極の連接を避け，図2.2.6に示すように接地間用SPDを介してB種接地極と連接し，接地の等電位化を図ることが行われる．

接地間用SPDとして使用される代表的なSPDの性能例を表2.2.7に示す．

(2) 耐雷トランス

施設に直撃雷があった場合，鉄骨・鉄筋に雷電流が侵入し，建物の階による

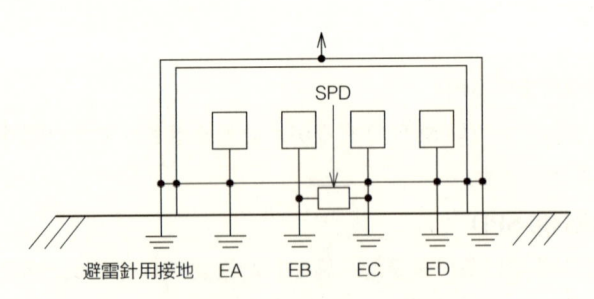

図2.2.6 各接地極の連接例

2.2 雷サージ防護デバイス (SPD) の種類と特徴

表 2.2.7 接地間用 SPD の性能例

項　目		性　能		条　件
		直撃用	誘導用	
電源系統		100 V，200 V，400 V		交流
電圧防護レベル		1.5 kV 以下		1.2/50 μs
インパルス電流耐量	誘導用	—	20 kA	8/20 μs
	直撃用	100 kA	—	10/350 μs

電位差及び接地極間にかなり大きな電位差が発生することが報告されている．この電位差に起因するフラッシオーバ，機器・設備の破損，被保護物の火災及び爆発，並びに感電などの危険及び災害を防止するために電源系統及び通信系等に耐雷トランスを用いることがある．

(2.1) 電源用の耐雷トランス　耐雷トランスには，絶縁型及び放流型の2種類があり，それぞれの基本的な回路構成を図 2.2.7 及び図 2.2.8 に示す．

(a) 耐雷トランスの構造

(i) 絶縁型　電源系から侵入する誘導雷サージ及び所内接地電位の上昇による機器の損傷防止に用いられる耐雷トランスは，インパルス耐電圧を大きく確保しているため，雷電流の流入／流出がなく，機器防護において信頼性が高い．なお，一般の電源用のトランスでは，雷サージ等の異常電圧に対してその入力側と出力側間の静電容量を通じ機器電源部にかなりの高電圧が加わり，十分防護できない．耐雷トランスの雷インパルス耐電圧は，一般的に 30 kV のものが

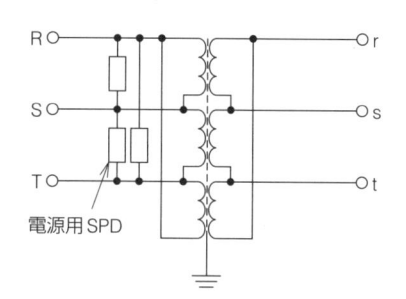

図 2.2.7 絶縁型耐雷トランスの構造 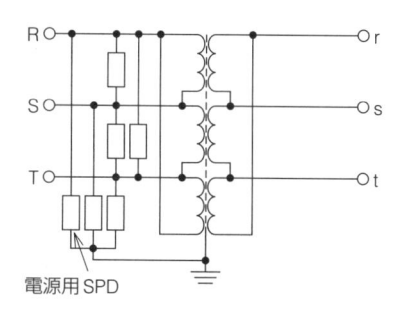　　**図 2.2.8** 放流型耐雷トランスの構造

使用されている．特殊な場所では，雷インパルス耐電圧の高い耐雷トランスを使用することもある．

(ii) 放流型　建築物への直撃雷（大地電位上昇）を想定した場合，耐電圧保障のために耐雷トランスの一次側の電源線路と接地間に SPD を接続して雷電流を電源線路に放流するものである．接続する SPD は，図 2.2.9 に示すように直撃雷の分流分を考慮して，クラス I 対応の SPD を使用する．

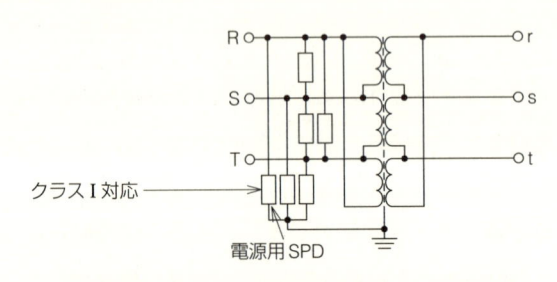

図 2.2.9　直撃雷対応の耐雷トランスの構造

(b) 性能　耐雷トランスは，入力側巻線と出力側巻線との間に静電シールドを設け，シールドを接地することにより，入力側と出力側間のサージ移行率を 1/1 000 以下に低下させるものである．

入力側の線間に雷サージが加わった場合には，絶縁トランスは入力側と出力側間が電磁的に結合しているので，当然入力側の電圧が出力側へ伝送される．したがって，線間に現れる異常電圧に対しては図 2.2.9 に示すように入力側の線間に電源用 SPD を接続し，線間電圧を吸収している．さらにシールド付きのトランスであるのでローパスフィルタの働きをして，二次側への移行を抑制する．なお，必要に応じて出力側の線間及び対接地間にも電源用 SPD 又はコンデンサを接続すると更に効果的である．

(c) 導入効果　耐雷トランスを導入すると，次のような効果が期待できる．

(i) SPD 間の協調　設置される機器の耐インパルスレベルが低い場合，機器製造業者が独自に機器内に SPD（クラス III 用 SPD）を設置することがある．この場合，設置された SPD の動作電圧やサージ耐量の性能が不明で，電流

耐量が極端に小さいことがある．必要最小限の機器保護用クラスⅢ用SPDは，主電源及び分電盤に設置するSPDとの動作協調，エネルギー協調を達成することが技術的に不十分な場合，耐雷トランスをSPDの減結合素子として使用すれば，耐雷トランスの二次側に設置されるクラスⅡ用SPD，更にはクラスⅢ用SPDの保護協調を考慮する必要がなくなり設計が容易になる．

(ⅱ) 等電位化対策　JISでの接地系統の考え方は等電位ボンディングが基本であるので，設備及び機器などの接地状況が明確でない場合，調査・解析し確実に連接する必要がある．しかし既設の施設などで，等電位化することが技術的に困難で，経済的に得策でない場合には，絶縁型耐雷トランスを用いると効果的な雷対策が可能になる．

(ⅲ) 誘導雷及びノイズの侵入抑止　電源線路に設置された電源用SPDには，SPDの動作電圧以下の誘導雷サージ及びノイズなどが印加され，これらの異常電圧が頻繁に被保護機器に侵入し機器の耐電圧低下をもたらす．耐雷トランスの遮へい効果及びローパスフィルタ効果の特徴を利用して，誘導雷及びノイズなどの影響を効果的に低減することができる．

(2.2) 通信用の耐雷トランス　通信回線には各種の信号が伝送されているため，周波数帯域に応じた耐雷トランスが選定できる．

(a) 耐雷トランスの構造　図2.2.10に一般的な通信用の耐雷トランスの構造を示す．基本的な回路構成は，電源に使用される耐雷トランスと同じ構造で，一次側及び二次側を高耐圧で絶縁した巻線比1対1のトランスである．電源用に比べて形状は小型で軽量なトランスである．

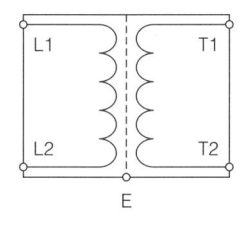

図2.2.10　通信用耐雷トランスの構造

(b) 性能　通信回線で幅広く適用するために，一般的に周波数帯域 500 Hz から 400 kHz，10 kHz から 8 MHz 及び 100 kHz から 30 MHz の 3 種類があり，耐雷トランス挿入による通信回線への影響を少なくするため，動作減衰量は 0.5 dB 以下になっている．

絶縁耐圧は，建築物への直撃雷による電磁インパルスからの防護のため，1 階高差当たり最大 10 kV の電圧を考慮し，5 階高差の 50 kV（1.2/50）としている．サージ移行率は一般的な製品で 1/50 以上になっている．

(c) 導入効果　平衡対ケーブルの金属シースや同軸ケーブルの外部導体に流れる迷走電流を除去するために，通信ケーブルの長延化及び金属シースの片端接地が行われるが，それぞれ信号の減衰及び電磁遮へい効果の低下などの欠点があり十分な対策になっていない．各フロア間にまたがる通信回路間に通信用の耐雷トランスを導入することで，これらの欠点を改善し階高差による電位差から絶縁して，通信機器の雷対策を可能にしている．

2.3　システムに適した SPD の選定

侵入サージに対してシステム及び関連機器を防護するためには，適用回路に合致した SPD を選定し，適切な場所に設置することが必要である．

2.3.1　SPD のクラス分類

JIS C 5381-1 及び -21 に，電源回路用及び通信・信号回線用 SPD それぞれに規定している所要性能と試験方法に関して解説・説明をする．

SPD は，適用する場所に対応した雷サージの大きさに応じて，その試験方法がクラス試験又はカテゴリに分類されている．したがって，SPD の適用に対しては，システムの設置場所におけるサージの種類を考慮し，対応するサージに対する試験を実施している SPD を選定することが必要になる．

（1）電源回路に適用する SPD の分類

電源回路用の SPD は，クラス I 試験，クラス II 試験，クラス III 試験の 3 種

2.3 システムに適したSPDの選定

類に分類されている．

クラスI試験対応のSPDとは，雷保護システムで捕捉した雷電流が接地システムを通して十分に大地に放流できないとき（接地抵抗が大きい場合），電源側に逆流する場合に適用するものとして定義されている．したがって，雷電流の分流電流に対応するような大きなエネルギーに対応するための試験方法を規定している（試験電流波形：10/350 μs）．

クラスII試験対応のSPDは，いわゆる誘導雷サージ（試験電流波形：8/20 μs）に対応するものであり，一般的なSPDはほとんどこの分類に入る．

クラスIII試験対応のSPDは，印加電圧波形と短絡電流波形が同時に規定されるコンビネーション波形試験機を使用して試験するもので，機器内蔵のSPDなどが対象となる場合が多い．

(2) 通信・信号回線用SPD

通信・信号回線用SPDに対する試験としては，侵入サージの種類によって4種類のカテゴリに分類している（カテゴリA〜D）．これは，各国が経験的に試験条件として使用している条件を整理・分類したものである．

カテゴリAは，サージ電圧の上昇率が非常に遅い（電圧上昇率が0.1〜100 kV/s程度で，カテゴリCの誘導雷サージに対して1/10 000以下）場合の波形又は交流波形程度のサージに相当し，交流回路から誘導されるサージ等が対象となる．

カテゴリBは，100 V/μs程度のサージ電圧の上昇率が遅い（カテゴリCの1/10）場合の波形を対象としたものである．

カテゴリCは，いわゆる誘導雷サージといわれている波形が対象で，標準電圧サージ波形となっている1.2/50 μs又は1 kV/μsなどを試験波形として規定している．

カテゴリDは，高いエネルギーのサージを対象とするもので，直撃雷電流波形の10/350 μsなども規定している．

2.3.2 SPDの設置場所と複数SPDの動作協調
(1) SPDの設置場所
　サージは，システムへ出入りする引込線を通って侵入することが多いため，その引込口にSPDを設置することが原則である．雷サージは基本的にラインと大地間との間に発生するものであり，SPDはその間に設置することとなり，ライン及び接地側からの両方の侵入サージに対応することが可能となる．

　システム内の機器を防護するためには，単一のSPDだけでなく，2個以上の複数のSPDを使用することができる．被保護機器が，引込口から離れた距離（例えば10 m以上）の場所に設置されている場合，又は機器の耐電圧レベルが特に低い場合などにおいては，引込口に設置したSPDによるサージ電圧の制限だけでは不十分な場合があり，被保護機器の直前に更に適切なSPDを設置して防護することがある．

　なお，SPDを設置する際には，SPDの接地は必ず被保護機器と共通接地に連接することが必要であり，さらに，SPDの接続線での誘起電圧の発生を最小にするように，最短距離の接続線で配線しなければならない．

(2) 複数SPD (SPDCを含む) の動作協調
　システム中には各回路に適したSPDが設置されるが，前述のように同一系統内に複数のSPDが設置されることがある．選定されたSPDは，それぞれのエネルギー耐量に従い，印加されるエネルギーを許容値以内に分担させるための協調が必要である．2個のSPDを使用した例を図2.3.1に示す．このような例では，SPD間の回路インピーダンスを考慮しながら，侵入サージが2個のSPDにどのように分流するかを検討し，その電流に耐えることができるようなSPDを選定することとなる．しかし，電流についての協調と合わせてエネルギー的にも協調がとれていることの確認が必要になる．

　このように，複数のSPDを使用した場合の協調の検討は複雑な場合が多く，実際には，同一製造業者のSPDを適用する場合の適用方法について，その製造業者に確認する必要がある．なお，SPDの協調については，4.3節に詳細を示す．

2.3 システムに適したSPDの選定

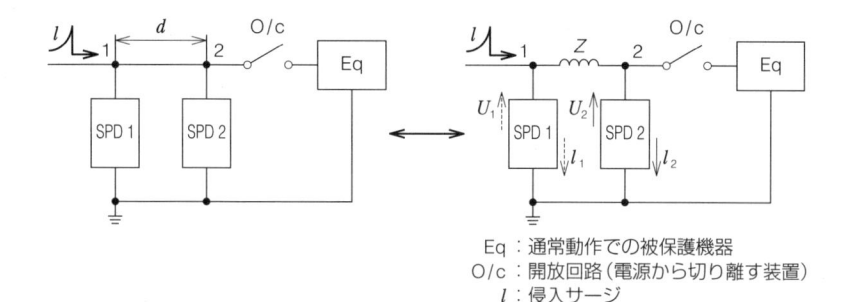

図2.3.1 2個のSPDの代表的な使用例

Eq：通常動作での被保護機器
O/c：開放回路（電源から切り離す装置）
I：侵入サージ

2.3.3 システム保護装置とSPDの動作協調

電源回路にSPDを設置したときには，SPDの故障時に電源系統から切り離すためのSPD分離器を設置することが推奨されている（図2.3.2）．この分離器は，SPDの故障時に機能するもので，SPDの最大放電電流又はインパルス電流に対しては不動作でなくてはならない．したがって，分離器として溶断ヒューズを適用する場合には，SPDの最大放電電流又はインパルス電流の電流2乗時間積（$i^2 t$）とヒューズの溶断特性との対比が必要であり，SPD製造業者の推奨ヒューズを適用しなければならない．推奨ヒューズの定格より低いものを適用すると，サージ電流の通過によりヒューズが溶断して，SPDによる過電圧防護ができないこととなる．

放電耐量の大きい定格のSPDを採用した場合には，分離器としてのヒューズの定格がかなり大きなものとなり，上位に設置される遮断器の定格を超えて

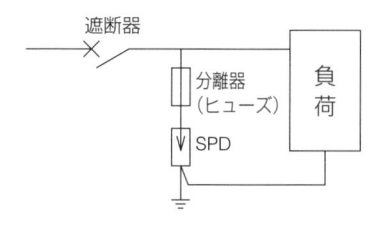

図2.3.2 分離器を設置したSPD

しまうような場合も考えられる．このときには，SPDの故障時に電源回路からの切り離しが，ヒューズの動作（溶断）よりも上位遮断器の動作の方が早くなり，負荷への電源供給が断たれ，分離器としての用がなされなくなるということもある．

このような状況から，SPDの選定に当たっては，余裕をとる目的で必要以上に大きい容量のSPDを選定すると，上記のように矛盾したシステム構成となることがある．したがって，適切な容量のSPDと対応する分離器を選定し，さらに同一のSPDセットを並列に設置するなどして，システムとしての冗長度を上げる方が，システム的にも高信頼性となりよい結果が得られることがある（図2.3.3）．

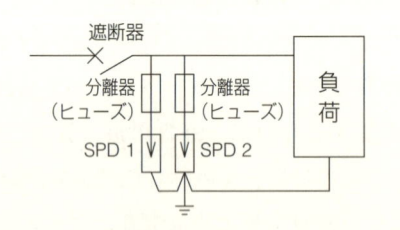

図2.3.3　分離器付SPDを2個設置した例

一方，分離器として低圧回路用の配線用遮断器（MCCB）の適用も考えられるが，SPD設置場所での想定短絡電流に対応した遮断容量のあるものを選定しなければならない（直近上位遮断器の遮断容量と同一にする．）．そして，SPDの最大放電電流又はインパルス電流に対し，選定したMCCBが熱的及び機械的に耐えられること並びに誤動作（不要動作）又は溶着することがないかなどの検討をしなければならないが，MCCBはその名のとおり配電線路の過電流保護を目的に設計されており，サージ電流のように短時間の大電流に対する各種の検討はほとんど実施されていない．したがって，MCCBをSPD分離器として採用するためには，今後MCCB製造業者とSPD製造業者による各種検討が必要となる．

2.4 雷環境の調査及びリスクマネジメント

リスクマネジメントに関してのIEC規格では，リスク（危険度，損害度）を最小限にするため，科学的手法でリスクを分析・評価し，効果的な対策を検討・実施する方法を規定している．リスクは，"リスク＝発生確率×被害規模"で定義し，要因を，雷撃発生数，算定する被害（Damage）の発生確率及び算定する発生損失（Loss）の大きさの3項目として，主に被保護建築物（建築物又は引込線／管）を対象にした分析・評価の手順を規定している．

対策コストを考慮した合理的・総合的な対策方法を決定するリスクマネジメントは，現在検討中でその方法は確立されていない．実際のシステムを対象にして，具体的な評価を行うためには，対象となるシステム全体の雷被害メカニズムの解明と雷データの把握が必要である．

マネジメント作業は，リスクの要因を評価し合理的・総合的な防護対策をすることである．具体的には，保護効率を算定して保護レベルに相当する第1雷撃の電流パラメータに対処するLPS・SPS・SPDを設計・設置する．

JIS C 5381シリーズにおけるリスクマネジメントの現状を次に示す．

(1) JIS C 5381-12

リスク解析はJIS C 5381-12の7．に，まずSPDが必要あるかどうかを決定し，次に複数SPDを設置する場合は，SPD間の協調を検討してSPDのエネルギー耐量を決定すると規定している．考慮することが望ましいリスクの要因・要素が附属書Lに記載されているが，リスク解析の適用例は検討中である．

リスクマネジメントの方法については，IEC 62305-2を参照し，単純化した方法を用いてもよいと規定している．

(2) JIS C 5381-22

リスクマネジメントについてはJIS C 5381-22の6．にリスクの分析，リスクの検証及びリスク対策の概要を規定している．6．を補足するために，附属書Cに雷放電によるリスク，電力線地絡によるリスク及び大地電位上昇（検討中）によるリスクに対するリスクマネジメントの内容が記述されている．

リスクマネジメントについては，いずれの規格においてもまだ完成されたものではない．今後，IEC 62305-2 で規定している内容に基づき，建築物内部の設備及び機器等に適用できる規格として，それぞれの JIS が順次改正・制定されると思われる．

2.4.1 リスクの要因と種類
(1) リスクの要因
保護建築物（建築物又は引込線／管）に関連する主なリスクの要因は，JIS A 4201：2003 及び C 0367-1 などに規定しており，主な要因として落雷状況，建築物の立地条件などがあり，リスクの諸要因を次に示す．
（a）地域環境
・地域の襲雷頻度（IKL）
・地形（平地の一軒家，山又は丘の頂上，がけの上）
・大地抵抗率
（b）建築物の立地条件・重要度
・建築物等の高さ
・多数の人の集まる建築物等（学校，寺院，病院，デパート，劇場など）
・重要業務を行う建築物等（官庁，電話局，銀行，商社など）
・科学的，文化的に貴重な建築物等（美術館，博物館，保護建築物など）
・家畜を多数収容する牧舎
・火薬，可燃性液体，可燃性ガス，毒物，放射性物質などを貯蔵又は取り扱う建築物等
・大量の電子機器を収容している建築物等

(2) リスクの種類
設備及び機器に加わるリスクとしては，直撃雷及び誘導雷によるリスク，電力及び通信・信号系統から侵入するリスク並びに接地系統からのリスクに分類できる．
（a）直撃雷によるリスク 接地系統への直撃雷の分流分の最大電流値は，建

築物，各種接地極の接地抵抗値が明確に把握できない場合に限り，避雷設備に200 kAの落雷があった場合，その直撃雷撃電流の50％の電流を想定するので，電源線への侵入は図2.4.1に示す値を考慮することが必要で，通信線の場合は直撃雷撃電流の5％程度の電流値を，回線数で割った値の電流値を考慮すればよい（JIS C 0367-1参照）．

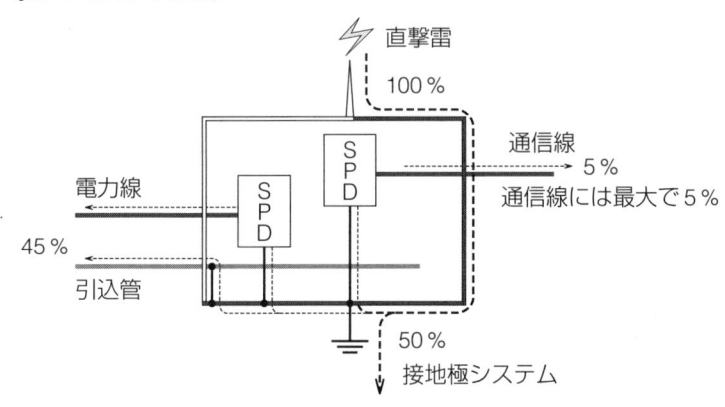

図2.4.1 直撃雷の分流状況

各接地極の抵抗値が明確に把握できない場合の電源回線に分流する雷電流値を計算すると，表2.4.1に示す雷電流値が電源回線に接続されている施設及び機器へのリスクになる．

表2.4.1 電力回線で予想される雷電流値

系　統	雷電流 (10/350 μs 相当波形)
三相4線	25 kA
三相3線	33.3 kA
単相3線	33.3 kA
単相2線	50 kA

(b) 誘導雷によるリスク　誘導雷として各雷保護領域に侵入すると予想される電流値を表2.4.2に示す．この値は，SPDのJISに規定している数値を分類した数値である．

表 2.4.2　各回線で予想される誘導雷電流値

JIS C 0367-1 の雷保護領域		LPZ 0/1	LPZ 1/2	LPZ 2/3
電源回線	10/350 μs	5 〜 20 kA	—	—
	8/20 μs	0.05 〜 20 kA	0.05 〜 10 kA	0.05 〜 5 kA
通信・信号回線	10/350 μs	0.5 〜 2.5 kA	—	—
	8/20 μs	0.25 〜 5 kA	0.25 〜 5 kA	0.25 〜 0.5 kA
	5/300 μs	12.5 〜 100 A	—	—

 (c) 電力系統からのリスク　電力ネットワークからの一時的過電圧 (TOV) は配電方式により TOV の値が異なり, リスクの大きさも異なってくる. JIS にそれぞれの配電方式による TOV の値を規定しているが, 日本の場合は, 特殊な配電方式のため現用の JIS の規格値を適用することができない (IEC 規格改正により, 各国の状況に合った TOV を使用することが可能になっている.).

 日本においては, 電気設備の技術基準で決められている高電圧混触時の TOV は, B 種接地が 600 V (1 秒間) 及び 300 V (2 秒間) となっている. この電気設備技術基準に基づき, 電力会社の内線規定では SPD の TOV は, 700 V (1 秒間) 及び 400 V (2 秒間) と規定しているので, この数値を適用することが適切である. 表 2.4.3 に JIS 及び内線規定での TOV を示す.

表 2.4.3　SPD への TOV

規格	SPD への TOV
JIS C 5381-12	$1\,200 + U_0$
内線規定	700 V

 (d) 通信・信号系統からのリスク　通信・信号回線からは, 表 2.4.2 に示すような主に落雷による各回線への誘導雷のリスクがある.

 (e) 接地系統からのリスク　建築物に附属する接地極は, 従来の電気技術基準に基づき目的に合った接地極が各種 (A 種, B 種, C 種及び D 種など) 設置されている. 等電位化が基本であるが, 等電位化がなされていない場合, 建築物の避雷設備に落雷があると, 建築物の各接地間に電位差が生じ, この電位差

により機器を破損する．電位差の発生メカニズム及び電圧値などの詳細については，3.2.5項に示す．

2.4.2 リスクの分析及び評価

ここでは，IEC 62305-2に基づいてリスクの分析及び評価方法について記述する．

(1) リスクの侵入経路及びサージ波形

設備及び機器に加わるリスクのうち，サージに関しては，主に雷撃によるサージ，配電系統からの一時的な過電圧，通信・信号系統からの侵入サージ及び落雷による接地系統からのサージがある．リスクが設備及び機器に侵入する経路を図2.4.2に示す．

設備及び機器に加わる雷によるリスク及び雷サージ波形などを分類し，表2.4.4に示す．

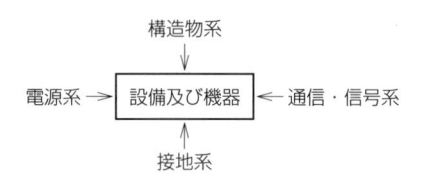

図2.4.2 リスクの侵入する経路

表2.4.4 侵入雷サージ波形の例

過渡現象源	建築物等への直撃雷		建築物等近傍への大地雷撃		線路への直撃雷	通信線路近傍への大地雷撃	電源への影響
結合	誘導性	抵抗性	誘導性	抵抗性	誘導性	抵抗性
電圧波形 (μs)	1.2/50	—	1.2/50	—	10/700	50/60 Hz
電流波形 (μs)	8/20	10/350	8/20	10/350 (10/250)	5/300	—

（2）リスクの分析・評価方法

IECのリスクの分析・評価方法は，主に建築物を対象にした分析・評価方法になっているために日本の状況に合ったものではなく，適用することは困難な状況にある．

建築物及び機器などの火災及び爆発の危険並びに人命保護の観点からリスクを分析する方法は，JIS C 60364-4-44に規定している．このJISに規定している雷日数25日以上（要否判定フロー）及びC 60364-5-53に規定しているSPDの選定及び施工内容を考慮して，図2.4.3のフローに沿ってリスクの分析・評価を行う．

被保護建築物（建築物又は引込線／管）に関連するリスクの評価は，IEC規格で具体的な評価方法などを詳細に規定しているが，設備及び機器全般に対する雷からのリスクに関する規定はなく，関連する規格の一部として規定しているのが現状である．したがって，SPDを使用して設備及び機器を防護する必要があるかどうかの評価は，使用者が適切であると思われるリスクのパラメータを選び，その重みを考慮して具体的な評価を実施することが必要になってくる．

3.1.1項(3)に示す建築物に関連するリスク分析・評価によりLPSの保護効率を求め，保護レベルを決定する．SPDで対策が必要な場合は，雷発生の地域

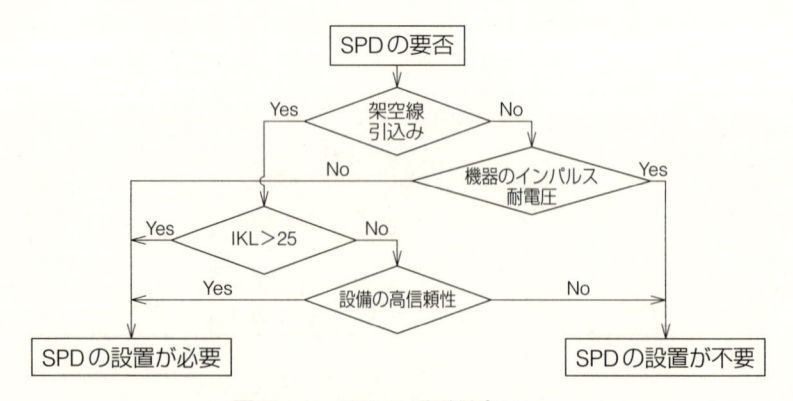

図2.4.3　SPDの要否判定フロー

特性や施設の重要度等を考慮して，総合的にリスクの要因を分析して保護レベルを選定する．

(3) 直撃雷リスクの評価（雷撃電流値の累積度数分布）

雷によるリスクを算定する主な要因としては，年間大地雷撃密度（雷発生率及び厳しさ），大地抵抗率，引込線の導入状況，設備及び機器の設置場所，被保護設備及び機器の耐インパルスレベルがある．

これらのリスク要因を分析し，費用対効果を考慮した上で防護すべき設備及び機器をSPDで保護する．リスクを算定する要因の一つである日本における雷発生率及び厳しさについては2.1.2項に示した．厳しさを示す落雷電流について，フランクリン・ジャパンのJLDNのデータ及びその他の機関で観測された雷撃電流値の累積度数分布図を図2.4.4に示す．図2.4.4は，多雷地方の羽咋地区（冬季雷）及び宇都宮地区（夏季雷）の雷撃電流値を，2000年1月から2004年12月の5年間にJLDNで観測したデータ（正極性及び負極性を合わせたデータ）の累積度数分布を示している．

羽咋地区は，羽咋の東部を中心に20 km^{2}に落雷した4 761回（正極性913，負極性3 843：落雷日数211日）の雷撃で，最大電流値は+400 kAとなってい

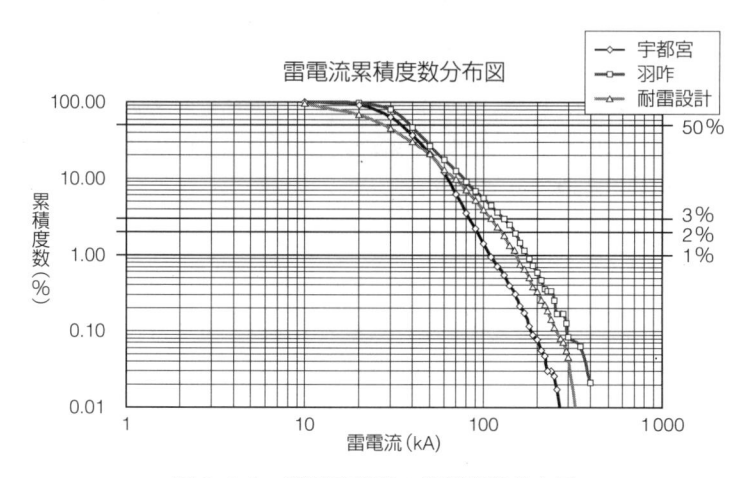

図2.4.4　落雷電流値の累積度数分布図
（宇都宮及び羽咋は2000年から2004年の5年間）

た．宇都宮地区は，宇都宮市役所を中心に20 km^{2}に落雷した23 269回（正極性2 344，負極性20 925：落雷日数164日）の雷撃で，最大電流値は+280 kAとなっていた．

図2.4.4に宇都宮及び羽咋の落雷電流値の累積度数分布図と電気設備学会報告の落雷電流に関する累積度数分布曲線（耐雷設計）を重ね合わせて示す．建築物，設備及び機器がある場所の累積度数分布図より，最大雷撃電流値が判明すると，SPDの雷サージに対する電流値を選定することができる．

例えば，図2.4.4の宇都宮（夏季雷の多い地域）の場合，累積度数分布図3％の雷撃電流値は85 kAで，接地状況等が不明確な場合，この電流の50％（42.5 kA）が電源系統に侵入すると仮定すると，各線に流れる雷電流は，表2.4.5に示す電流値（雷撃電流値を線数で除した値）となる．

表2.4.5 電源系統への侵入雷電流値例

配電系統	雷サージ電流
三相4線	10.6 kA
三相3線	14.2 kA
単相3線	14.2 kA
単相2線	21.3 kA

夏季雷地域の雷の様相は，波頭長が短く電荷量は比較的少ないといわれており，多雷地区でも8/20 μsの雷サージ電流波形で，20 kA程度の電流耐量のSPDでほぼ対応できてきた．

現在まで市場では，8/20 μsの雷サージ電流波形で最大20 kAの規格のSPDがかなりの数量使用されてきているが，冬季雷地域及び山頂中継所のような特殊な場所以外では大きな雷被害を受けた事例は，ほとんど報告されていない．

（4）被保護機器に対する耐インパルス特性

一般的に，設備及び機器類は表2.4.6に示すインパルスカテゴリに従って設置されている．被保護機器の耐力がリスクに対する評価要因となる．

設備及び機器に対するリスクの評価方法が確立されていない現状では，設備

表 2.4.6　機器の必要な定格インパルス耐電圧

設備の公称電圧[*](V)		必要なインパルス耐電圧（kV）			
三相系統	単相3線	設備の引込口の機器 （耐インパルスカテゴリⅠ）	幹線及び分岐回路の機器 （耐インパルスカテゴリⅡ）	負荷機器 （耐インパルスカテゴリⅢ）	特別に防護された機器 （耐インパルスカテゴリⅣ）
—	120 – 240	4	2.5	1.5	0.8
230/400 277/480	—	6	4	2.5	1.5
400/690	—	8	6	4	2.5
1 000	—	システムの技術者が指定する値			

注[*]　IEC 60038 による．
備考　カテゴリⅠは，特別な機器の設計にかかわる．
　　　カテゴリⅡは，主電源に接続する機器の製品にかかわる．
　　　カテゴリⅢは，設備部材の製品及びある種の特別な製品にかかわる．
　　　カテゴリⅣは，電力会社及びシステムの技術者にかかわる．

及び機器の被雷レベルがどの程度であるかを評価し，機器に対する耐インパルス特性並びに保護レベル及び保護効率などを考慮して，SPD の形式及び設置場所などを決定することが最適と思われる．第3章に SPD の形式及び設置場所などの決定に関する詳細を記述する．

2.4.3　保護効率・保護レベルの決定

JIS A 4201 に被保護建築物（建築物又は引込線／管）に対する保護レベルの選定は，次のとおり規定している．

　一般建築物等ではレベルⅣ，火薬・可燃性液体・可燃性ガスなどの危険物の貯蔵又は取扱いの用途に供する建築物等ではレベルⅡを最低基準とし，立地条件，建築物の種類・重要度によって更に高いレベルを適用する．特に冬季雷の地域にある建築物及び機器に対するリスクは，選定レベルより更に高いレベルを適用する．

（1）保護レベル及び保護効率

JIS A 4201：2003 に，被保護物の種類，重要度などで実際上妥当と考えられる保護レベルを選定し，これに対応する雷保護システム（LPS）を施設するこ

とを規定している．保護レベル及び保護効率などの関係を表2.4.7に示す．

被保護建築物（建築物又は引込線／管）に対する保護レベルの選定は，JIS A 4201に基づいて決定することは容易であるが，設備及び機器全般に対する雷対策を実施する場合，保護レベル及び保護効率並びに費用対効果を考慮してSPSの設置を行うことが望ましい．

表2.4.7 保護レベルと保護効率など

保護レベル	保護効率 (E)	最小雷撃電流 (kA)	雷撃距離 (m)	最大雷撃電流 (kA)
I	0.98	2.9	20	200
II	0.95	5.4	30	150
III	0.90	10.1	45	100
IV	0.80	15.7	60	100

なお，LPSの保護効率は上記のように規定されているが，最近発行されたIEC 62305-1によれば，厳密には下記のような説明となり，保護効率の値は保護レベルIII及びIVでは若干異なるものとなる．

LPSが処理できない雷サージ電流値の最小雷撃電流以下の比率及び最大雷撃電流以上の比率を表2.4.8に示す．この表は，保護レベルに応じてLPSが捕捉できる最小雷撃電流（波高値）とそれ以下の比率及び最大雷撃電流（波高値）とそれ以上の比率を示している．

雷撃電流が数キロアンペア以下の小さい雷サージ電流は，LPSが遮へいに失敗しても建築物，設備及び機器を破損させることは非常にまれである．建築物

表2.4.8 最小雷撃電流以下及び最大雷撃電流以上の比率

保護レベル	保護効率 (E)	最小雷撃電流(kA)	最小雷撃電流以下の比率	最大雷撃電流(kA)	最大雷撃電流以上の比率
I	0.98	2.9	1％	200	1％
II	0.95	5.4	3％	150	2％
III	0.90	10.1	9％	100	3％
IV	0.80	15.7	16％	100	3％

などの破損に大きく影響する最大雷撃電流以上の雷サージの出現確率は，表2.4.8から保護レベルⅢ及びⅣで設計された建築物では3％である．

この3％の落雷に対しては，LPSが雷撃の遮へいに失敗することを意味している．費用対効果を考慮して保護レベルⅢ及びⅣでは，3％の落雷で建築物等が破損してもやむを得ないと判断している．表2.4.8に示すように，仮に保護レベルⅠを採用しても雷保護システムの保護効率は98％で，100％の対策にはなっていない．

これ以上の防護を必要とする場合には，別の方法（例えば，自動消火設備の設置，建物周囲に植込みを設ける，建物の出入口に庇(ひさし)を設けるなど）による防護対策を実施して，全体的な保護効率を上げることが望ましい．

(2) 建築物の保護レベルに基づくSPSの設置

被保護建築物（建築物又は引込線／管）の保護レベルが決定された後，リスクマネジメントで得られた情報をもとに被雷レベルを考慮し，雷被害から各種系統及び各種システムに関連する設備及び機器全般を保護できるSPDの選定及びSPSの設置を行う．第4章に，SPDの選定及びSPSの設置の詳細について記述する．

参　考　文　献

1) 松本隆志，倉本昇一，多田康彦(2005)：通信用3極避雷管の動作特性の検討，電子情報通信学会ソサイエティ大会，B-4-22
2) (社)電気設備学会(1999)：雷と高度情報化社会，(社)電気設備学会

3. 最新のSPS技術

この章では，JIS A 4201, C 0367-1, C 5381 シリーズ (-1, -12, -21, -22) 及び関連する事項について記述する．

3.1 建築物等のSPSの考え方と具体的な設計方法

建築物の雷防護設備としての避雷針（突針方式）は，古来からその効果が認められてはいるが，最近では，このような避雷針が設置されているにもかかわらず，国会議事堂や東京都庁への落雷事故が報道されている．これら高層ビルなどには，当然，規格（JIS）に準拠した避雷設備が設置されているが，その雷防護の確実性については，若干の問題があるのではないかと思われていた．

一方，国際的には，最新の雷撃理論に基づいた雷防護対策の検討がなされており，IECでは，1980年に雷防護の専門委員会（TC 81）を立ち上げ，各国の関連する専門家によって鋭意規格化への審議を進めてきた．その結果，多くの国のコンセンサスを得た形で，ここ数年来順次雷防護に関する規格が整備・発行されてきている．わが国でも，国際規格の整合化に従い，これら IEC 規格を順次JIS化している．以下に，これらJISの内容の解説・説明とSPS技術について述べる．

3.1.1 雷撃（雷サージ）の分類・種類と対策

（1）雷撃の種類と対策

（a）直撃雷対策 建物や大地への落雷を直撃雷と称し，そのときに流れる雷電流は，2 kA から 200 kA を超えるような大きな電流である．このような電流による数百メガジュールといわれる落雷エネルギーに対してでも，適切な方法

により建造物や人畜に危害や損害を及ぼさないようにしなければならない．そのために，建築物には規定された雷保護システム（旧称：避雷設備）を設け，接近する雷雲に対して確実に受雷部で雷撃を捕捉し，安全迅速に大地に放流させることが必要になる．雷保護システム（LPS：Lightning Protection System）に対する規格としては，2003年7月にIEC規格を翻訳したJIS A 4201が制定され，建築基準法及び消防法でも引用されているが，その内容については後述する．

高エネルギーをもつ直撃雷に対する防護は，基本的に"雷保護システム"によって対処し，雷電流を安全迅速に大地に放流することが必要である．

(b) 誘導雷サージ対策 落雷により非常に大きな直撃雷の電流が上空から大地へ流れることにより，落雷地点及び周辺には大きな磁界が発生する．この大きな磁界により近隣の金属部分に誘起される過電圧が，一般に誘導雷サージ（過電圧）といわれるものであり，電力線又は通信線等に発生したサージは，ケーブルを伝わって容易に建物内の設備や機器へ侵入することとなる．

また，建物のLPSに落雷すると，その大きな雷電流により接地極電位上昇が発生する．周辺に落雷したときには落雷地点の大地電位が上昇する．これらの大地電位上昇は，電気及び電子機器を内蔵した設備の接地電位の上昇となり，結果として，設備の接地端子からサージが侵入することとなる．このような大地電位上昇も誘導雷サージの一つとして対処しなければならない．

これらに対する防護は，電磁遮へい，接地，ボンディング，配線ルートの工夫等により，できるだけサージの影響を低減しなければならないが，最終的には，適切なサージ防護デバイス（SPD：Surge Protective Device，アレスタ，避雷器，保安器等ともいう．）を使用して電子設備や機器を過電圧から防護することとなる．

(c) 逆流雷対策 落雷時の雷電流が，LPSの接地抵抗が高くて十分に大地に放流されない場合には，接地電位が非常に高くなり，供給電源の配電線及び通信回線の方への逆閃絡によって雷電流の部分電流が侵入することがある．このように配電線側及び通信線側に雷電流の一部が分流するものを逆流雷と称する．

岩盤上に立地するような山上の無線中継局や放送用送信所などでは，直撃雷を受ける頻度も高く，接地抵抗を低くすることが困難な場合が多いので，逆流雷の発生に対して十分な配慮が必要である．

逆流雷は，直撃雷電流の一部の電流ではあるが，誘導雷サージに比べると非常に大きなエネルギーをもっている．したがって，従来から一般に使用していた避雷器 (SPD) では，大部分破損してしまう．このような場合に対応するような低圧回路用の SPD については，新しく制定された SPD の規格 JIS C 5381-1 で規定しているクラス I 試験 SPD を使用する場合がある．

(2) 雷電流パラメータ

雷の脅威である落雷電流の大きさは，雷電流パラメータとして規格で定義している．これは過去の雷電流観測結果を CIGRE（国際大電力システム会議）で整理したデータに基づいたものである．

落雷は，通常多数回の放電からなるものが多く，これを多重雷と称し，2回以上の放電を伴うものが 60〜70％程度あるといわれている．落雷時に最初に放電する第 1 雷撃は，一般に大きなエネルギーをもっている．続いて放電する後続雷撃は，空中に既に雷道と称する雷電流の通り道ができている部分を通過するため，電流値はそれほど大きくはないが立ち上がり時間が非常に短い波形である．さらに，電流値は小さいが，数百 ms にもなるような長時間継続する放電（長時間継続雷撃）もある．

第 1 雷撃，後続雷撃及び長時間継続雷撃について図 3.1.1 に示し，その雷電流パラメータをそれぞれ表 3.1.1 (a), (b), (c) に示す．

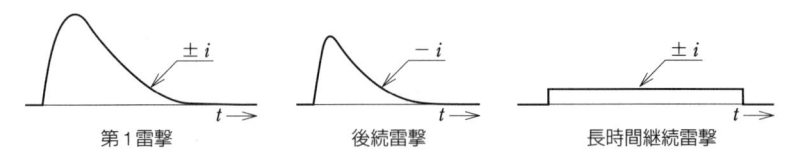

図 3.1.1 落雷を構成する落雷電流の成分 (JIS C 0367-1 付図 2)

表 3.1.1 雷電流パラメータ (JIS C 0367-1 付表1, 付表2, 付表3)

(a) 第1雷撃の雷電流パラメータ

電流パラメータ	保護レベル		
	I	II	III〜IV
電流波高値 I (kA)	200	150	100
波頭長 T_1 (μs)	10	10	10
波尾長 T_2 (μs)	350	350	350
短時間継続雷撃の電荷 Q (C)	100	75	50
比エネルギー W/R (MJ/Ω)	10	5.6	2.5

(b) 後続雷撃の雷電流パラメータ

電流パラメータ	保護レベル		
	I	II	III〜IV
電流波高値 I (kA)	50	37.5	25
波頭長 T_1 (μs)	0.25	0.25	0.25
波尾長 T_2 (μs)	100	100	100
平均しゅん度 I/T_1 (kA/μs)	200	150	100

(c) 長時間継続雷撃の雷電流パラメータ

電流パラメータ	保護レベル		
	I	II	III〜IV
電荷 Q_1 (C)	200	150	100
継続時間 T (s)	0.5	0.5	0.5

(3) 雷保護システム（LPS）の保護レベルと雷保護領域

(a) LPSの保護レベル 建物を雷害から防護するためには，適切に選定されたLPSを設置しなければならない．そのためには，防護対象となる建築物の種類，関連する雷電流の大きさ，更に建物が設置される地域の想定される落雷数/年を考慮して，対象建築物に対して許容し得る落雷数（又は権威ある機関により決定された許容落雷数）を決め，次に述べる計算をした保護効率からLPSの保護レベルを定める．決定された保護レベルに応じて，適切なLPSを選

3.1 建築物等のSPSの考え方と具体的な設計方法

定し，適用する．

LPSの保護効率は次により計算し，表2.4.7により保護レベルを決定する．

$$E = 1 - (N_c / N_d) \tag{3.1.1}$$

ここに，E ：LPSの保護効率

N_c ：保護対象建物の損傷が許容できる落雷数

N_d ：保護対象建物への想定される年間落雷数

保護レベルⅠは，対象の建物で100回の落雷で2回までの損傷を許容するレベルである．すなわち，保護失敗の一つは，比較的小さな落雷電流（2.9 kA未満）の場合，受雷部の保護範囲をくぐって落雷することがあるためであるが，この場合のエネルギーは比較的小さいと思われる．他の一つは，受雷部で捕捉できても，想定以上の大きな落雷電流（200 kA超過）のために十分な保護ができないことが考えられ，更に二次災害防止の追加防護手段を考慮することも必要な場合がある．

このように，保護レベルを4段階に分類し，雷保護設計者，建物の設計者，建築主等は，どのレベルでの保護が必要・適切かを判断し（必要であれば協議をし），設計・施工することとなる．

(b) 雷保護領域 保護対象空間を電磁条件の異なる幾つかの保護領域に分けて考えることとしている．そのため，次のように雷保護領域（LPZ：Lightning Protection Zone）を分類し，定義している（表2.1.1，図2.1.7）．

このようなLPZの構成は，LPSの保護範囲の外側や内側，建物の内部やシールドルーム，金属製の盤体などによって形成され，雷電流やそれによる電磁的影響を段階的に低減させることが可能となっている．

このように分類され，分割された保護領域の境界を貫通する金属製部品は，雷により発生した過電圧を低減させるために，境界部分での等電位ボンディングや接地が必要になり，更に電磁遮へいも重要なポイントとなる．したがって，電力線や通信線などは，この境界部分でSPDを介しての接続となり，過大な雷過電圧を低減させることができる．

雷保護領域における接地は，JIS A 4201に適合する建物雷保護用接地が必要

である．隣接した建物間を電力ケーブルや通信ケーブルが接続されている場合には，両建物の接地系統を互いに接続して，等電位化を図ることが望ましいので，メッシュ接地が適している．これらのケーブルに対し，雷電流の影響を一層低減させるためには，金属製電線管や格子状鉄筋コンクリート製ダクトの中に収納し，メッシュ接地系統と統合することが望ましい．

さらに，雷の電磁的影響を低減させるための遮へいとしては，鉄筋コンクリート製又は金属製の外壁による遮へい，電磁誘導を受けにくい配線経路の選択，線路の遮へい及び機器や装置の金属箱内への収納などの方法があげられる．

基本的にLPZを構成するこれらの遮へい手段は，境界部分を貫通するすべての金属部分とボンディングされなければならない（幾つかのLPZに分割した建築物の境界部分で適切にボンディングした例は図2.1.7を参照）．

建物に引き込む金属製の線管類は，すべてボンディングを実施すること．環状接地極をもつ建物でのボンディング例を図3.1.2に示す．この例のように複数の箇所から各種の引込線がある場合には，数個のボンディング用バーが必要になり，これらボンディング用バーは，できる限り近くの環状接地極や金属遮へい体に接続しなければならない．

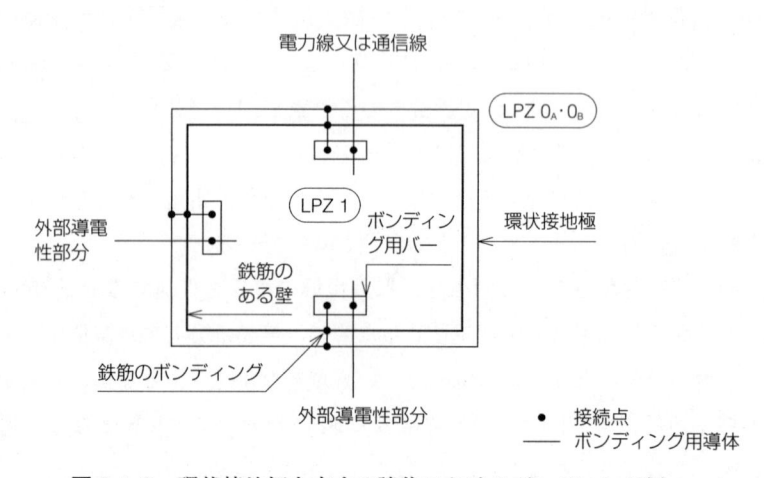

図3.1.2 環状接地極を有する建物におけるボンディング例
(JIS C 0367-1 付図9)

3.1 建築物等のSPSの考え方と具体的な設計方法　　　61

　ボンディング網は，建物内部のすべての装置内に危険な電位差を発生させずに，また，内部の磁界を減少させるためにあるため，建物内の金属要素を多くの部分で相互接続し，三次元でメッシュ化したボンディング網を形成することは，遮へいの効果を更に発揮することとなる．

　それぞれのLPZの境界を電力線，通信線等が貫通する場合は，SPDを介してボンディングすることになる．このSPDは，通常状態では絶縁物として働くが，過渡的なサージが侵入したときには，短絡状態となるために，サージ侵入時のみ等電位化となる（図3.1.3）．

　各LPZの境界を貫通するケーブルに設置するSPDは，侵入サージを確実に分流し，LPZ内部の機器のインパルス耐電圧レベル以下になるような制限電圧にしなければならない．

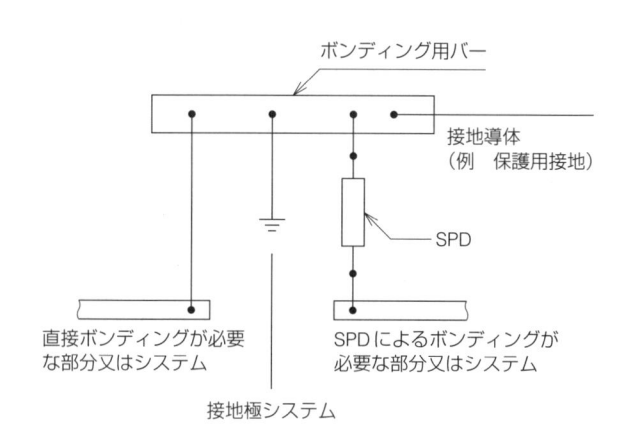

図3.1.3　等電位ボンディングの方法　(JIS C 0367-1　付図8)

3.1.2　建築物等（内部の人畜を含む）の雷防護（外部LPSと内部LPS）

　JIS A 4201：2003は，IEC 61024-1：1990を基本的にそのまま翻訳をしたものであり，従来のJIS A 4201：1992の大幅な改正JISである．

　この規格は，直撃雷に対して建築物等及び内部の人畜保護に関して規定した

ものである．従来の規格は，避雷設備に対する構造に関して各部の仕様や寸法を詳細に定めた仕様規格であったが，改正JISは，目的にふさわしい性能をそれぞれの関係者の責任で選定し，適用することを原則とした性能規格である．

この規格では，従来避雷設備（避雷針）と称していたものを，雷保護システム（LPS：Lightning Protection System）と言い換えており，外部LPSと内部LPSの二つで構成されている（雷保護システム＝外部LPS＋内部LPS）．

(1) 外部雷保護システム（外部LPS）

外部LPSとは，従来のJISで規定している避雷設備に相当するもので，直撃雷の雷電流を確実に捕捉し効果的に大地に放流して，建物の破損，火災，爆発等の発生を防止し，更に内部の人間や家畜に直接的被害を及ぼさないようにするためのものであり，受雷部，引下げ導線及び接地の各システムから構成されている．

わが国では，20mを超える高さの建築物には，JISで規定している避雷設備の設置が法律により義務付けられており（建築基準法第33条及び施行令第129条の14参照），設置する避雷設備については，JIS A 4201：1992に適合するものとしていた（建築基準法施行令第129条の15及び建設省告示1425号参照）．また，消防法に関連して危険物の製造所及び貯蔵所等にも，JISに規定された避雷設備の設置が義務付けられている．

なお，2003年7月のJIS改正に伴い，消防庁では消防法に関連する避雷設備については，新JIS（A 4201：2003）を適用するように直ちに連絡しており，さらに2005年1月に，原則的に保護レベルIを採用することと，内部の保安設備には内部保護システムを設置することとしている．

一方，建築基準法関連では，2005年7月4日付告示（第650号）により，JIS A 4201：2003に規定する外部雷保護システムを従来の避雷設備に置き換えることを規定していて，2005年8月1日から施行されている．しかし，従来の避雷設備（JIS A 4201：1992）も，新JIS（A 4201：2003）の構造と同様に適合するものとしている．

(a) 受雷部システム 受雷部システムは，突針，水平導体及びメッシュ導体

3.1 建築物等のSPSの考え方と具体的な設計方法

などからなり,個別に又は組み合わせて構成することとしている.受雷部システムの設置により保護される範囲は,表3.1.2及び図3.1.4に示すように,回転球体法が主体で,それに相当する保護角法及びメッシュ法により算定することとなっている.これは,現在の雷撃理論に基づく落雷電流と雷撃距離との関係によるものが基礎となっており,この結果,建物への側撃雷保護について従来のものに比べて格段と向上させることができるものとなっている.

表3.1.2 保護レベルに対する受雷部の配置 (JIS A 4201 表1)

保護レベル	回転球体法 R(m)	保護角法［高さ：h(m)］					メッシュ法 幅(m)
		20 $\alpha(°)$	30 $\alpha(°)$	45 $\alpha(°)$	60 $\alpha(°)$	60超過 $\alpha(°)$	
I	20	25	*	*	*	*	5
II	30	35	25	*	*	*	10
III	45	45	35	25	*	*	15
IV	60	55	45	35	25	*	20

注* 回転球体法及びメッシュ法だけを適用する.

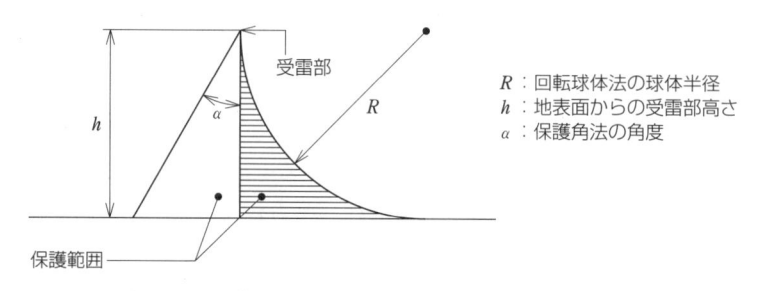

図3.1.4 保護角法及び回転球体法による保護範囲
［JIS A 4201 表1（付図）］

R：回転球体法の球体半径
h：地表面からの受雷部高さ
α：保護角法の角度

(b) 引下げ導線システム 引下げ導線システムは,受雷部で受けた雷電流を速やかに安全に接地極を通して大地へ放流するためのシステムをいい,途中経路において危険な火花放電が発生しないように,並列する複数の電流経路をできるだけ多く,かつ短い距離となるように作らなければならない.

JISでは,表3.1.3のように保護レベルに従った相互間隔をもつ引下げ導線と

表 3.1.3 保護レベルに応じた引下げ導線の平均間隔
(JIS A 4201 表3)

保護レベル	I	II	III	IV
平均間隔(m)	10	15	20	25

することが要求されている．さらに，建物の高さが20 mを超えるときには，垂直方向に最大20 m間隔ごとに水平環状導体を設けて引下げ導線と接続し，等電位化を図るようにしなければならない．これは，建築物の構造体の構成部材（鉄骨，鉄筋等）を積極的に引下げ導線として利用することが効果的といえる．

(c) 接地システム 接地システムとは，雷電流を速やかに大地に放流し，危険な過電圧を発生させないようにすることが目的のもので，そのためには，できるだけ接地抵抗を低い値とすること以上に，落雷時の被保護物とその周辺の接地電位を一様にし，接地電位傾度を極力小さくするように，接地極の形状及び寸法が重要となってくる．

接地システムの接地極は，A型接地極とB型接地極の基本的な二つの形状に分類される．A型接地極は，二つ以上の放射状接地極又は垂直接地極からなるもので，大地抵抗率が低い場合及び小規模建物に適している．B型接地極は，環状接地極，基礎接地極又はメッシュ状接地極などからなり，大規模建物に適しているが，一般的にその採用が推奨されているものである．A型接地極の長さ及び環状接地極の囲む面積の等価半径は，保護レベルに応じて図3.1.5に示す値以上とすることが規定されており，接地抵抗の値は規定されていない．

なお，A型接地極において，水平接地極の場合にはl_1以上，垂直接地極の場合には$0.5 l_1$以上となる（図3.1.6参照）．

従来のJISでは，総合抵抗値を10Ω以下の値とすることとなっていたが，図3.1.5に示すように，大地抵抗率に対応した接地極の寸法規定となっている．ここでも，接地極システムとして建物の基礎部分を構成する基礎接地極を採用し，又は地下室の床部分を構成するメッシュ接地極等を積極的に利用することなどが，経済的で効率的に低抵抗値が得られるものとして推奨されている．

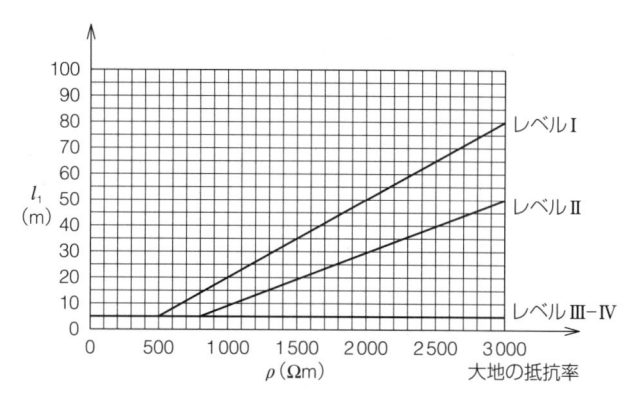

3.1 建築物等のSPSの考え方と具体的な設計方法

図 3.1.5 保護レベルに応じた接地極の最少長さ l_1 （JIS A 4201 図2）
（保護レベルⅢ～Ⅳは大地抵抗率 ρ と無関係である.）

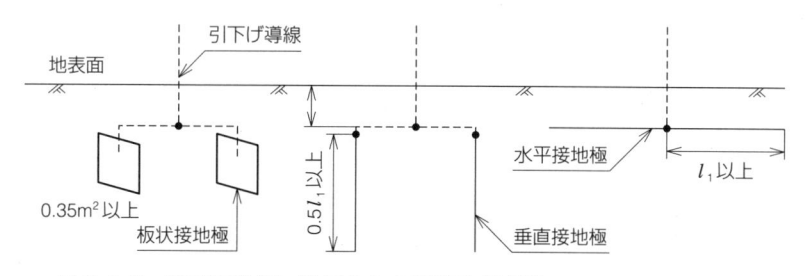

図 3.1.6 引下げ導線に接続するA型接地極（例）（JIS A 4201 解説図8）

(2) 内部雷保護システム（内部LPS）

建物の外部LPSの受雷部で捕捉された落雷電流が，引下げ導線を経由して接地極によって大地に放流できた場合でも，外部LPSに流れる雷電流により建物内部の金属部分間に発生した過電圧のスパークで，火災や爆発のような災害の発生又は内部の人間や家畜を感電させることがある．内部LPSとは，このような危険の発生を防止するためのものであり，そのためには，等電位ボンディングと安全離隔距離の確保が必要となる．

(a) 等電位ボンディング 雷電流のような大きな電流が，外部LPSを伝わって大地に放流されると，電流通電経路になる引下げ導線システムや接地シス

テムと建物内部の金属製の各種導電性部分には大きな電位差が発生する．この電位差によって，有害なスパークが発生したり，感電をしたりする危険性がある．

等電位ボンディングとは，このような危険を防止するためのもので，雷電流により離れた導電性部分間に発生する電位差を低減するために，導電性部分間を導体によって直接接続することである．それには，建物内のすべての金属製部分（例：鉄筋，鉄骨等の金属製構造体，金属製階段，手すり，エレベータのガイドレール等の金属製工作物，金属製ガス管，水道管等の系統外導電性部分，電力線，通信線などのケーブル類，外部LPS等）が対象となる．しかし，電力線や通信線のように導体で直接接続すると短絡してしまう場合には，サージ防護デバイス（SPD：Surge Protective Device）を介して接続しなければならない（図3.1.3）．

このように金属部分は等電位ボンディングされるため，LPSの接地極が建物内のすべての金属部分に接続されることになり，従来避雷設備の接地は別にするという一般的な考え方を否定していることに注意を要する．

なお，SPDは本来内部の電気・電子設備の過電圧保護をするために使用するものであるので，設置すべきSPDの選定については，後述の関連規格により適切な選定及び適用をすることにより，内部設備の正しい保護も行うべきである．

(b) 安全離隔距離の確保　受雷部又は引下げ導線と，建物内の金属製工作物や電力及び通信設備との間の絶縁は，感電や有害なスパークを発生させないような安全離隔距離を確保しなければならない．安全離隔距離は，保護レベル，絶縁物の材料，受雷部システムの種類及び寸法等に関係し，計算により求めることができる．

3.1.3 雷保護システム（LPS）の具体的な設計例

ここでは，落雷の雷撃を受け止め，雷電流を速やかに大地に放流するための外部雷保護システム，及び雷電流通過に際し発生する過電圧を低減するための

3.1 建築物等のSPSの考え方と具体的な設計方法

内部雷保護システムを具体的に設計するための設計指針について述べる．

建築物の雷保護システムの設計は，被保護建築物自体の設計及び施工と関連させて実施することによって，技術的及び経済的に最適な雷保護システムの設計を行うことができる．特に，LPSの構成部材として建築物の金属製構造体や部分を利用することは，経済的に非常に有利となる．

(1) 保護レベル（保護効率）の選定

まず保護レベルの選定が必要となる．したがって，具体的設計に着手する前に，建築主，雷防護の専門家及び建築物の設計者等の関係者が協議して，保護する建物の種類，構造・寸法，重要度，公共性，被害を受けた場合の他への影響度，建設地域の雷撃頻度等を考慮しながら，適切と思われる保護レベルを選定することが必要である．

なお，一般的には，危険物の貯蔵や取扱いに関する建物に対しては保護レベルⅡ，一般的な建物の場合には保護レベルⅣを最低基準とし，立地条件，建物の種類や重要度を考慮して更に高いレベルを選定することが望ましい．また，消防法による危険物関連の建物では，原則保護レベルⅠとしている．

前述の式(3.1.1)から保護効率を計算して，保護レベルを決定するためには，被保護建築物への落雷数と許容される落雷数を求めなくてはならない．落雷数を求めるためには，建物の立地条件，地域の平均年間落雷数，建物の規模，立地地形，周囲状況等を考慮しなければならない．また，許容落雷数は，建物及び内容物の重要度，公共性，並びに被害損失の規模や重要性，他への波及度等から決定する．

したがって，民間レベルの一般住宅やオフィスビル等，建築基準法により設置義務のある高さ20m以上の建物では，最低レベルの保護レベルⅣを基準とし，建築主の意向や雷保護専門家の意見を参考にして決定すべきである．建築基準法の適用外であっても，落雷頻度の高い地方や山上などの場所に立地する建物には，上記に準拠したLPSの設置が望ましい．

一方，病院，公共施設，歴史的建物，多数の人の集まる建物等は，当然その重要度の点からより保護レベルを高くしたLPSの設置が必要となり，その上，

落雷頻度や立地条件等により更に高いレベルが要求されることもある．超高層ビルの場合には，等価落雷面積（建物高さの3倍）が大きくなり，落雷数が増えるため保護レベルを高くする必要が出てくる．

非常に重要な公共の建物，重要文化財，又は被害を受けた場合の波及する影響が深刻である火薬貯蔵庫などの場合で，保護効率を保護レベルⅠ（98％）以上としたいときには，LPS以外の防護手段（例えば，火災予防のための自動消火設備の設置，人への危害を防ぐために建物周囲に植込みを設置又は出入口に庇を設ける等）を追加することが必要になる．

(2) 外部雷保護システム（外部LPS）の設計

落雷を確実に捕捉する受雷部システム，雷電流を迅速に流す引下げ導線システム，雷電流を大地に流し拡散させる接地システムからなる外部雷保護システムを，先に定めた保護レベルにより各種項目について規定している．

(a) 受雷部システム 受雷部システムは，雷撃を確実に捕捉するためのものであり，回転球体法による保護範囲が基本となり，保護角法，メッシュ法等と組み合わせて施工することが効果的となっている．保護レベルにより，回転球体法の球体半径，保護角法の保護角度及びメッシュ法のメッシュ幅寸法が大きく変わるため，レベルの選定は重要なものである．特に，保護角法の場合には，保護レベルとともに建物の高さにより保護角度が変わるため注意が必要である．したがって，屋上に設置した突針による保護範囲は，屋上面では保護角度が大きく広い範囲の保護が可能であるが，地上面になると高さが大きいため保護角度が小さく保護範囲は狭くなることになる．

屋上に設置した突針と屋上に張りめぐらしたメッシュからなる水平導体で受雷部システムを構成させることが，比較的容易に設置可能となる．超高層ビルの場合には，側撃雷に対応するために，ビルの上部側面にも受雷部の設置が必要となるため，ビルのデザイン面からの検討も重要なポイントとなる．

新JIS（A 4201：2003）では，選択した保護レベルに応じた球体半径をもつ球体を転がしながら，確実に建物全体が保護されることを確認し，突針，水平導体，メッシュ導体等の効果的で経済的な配置を検討しなければならない．その

ため，今までより一層念入りに，確実に保護範囲内であることを検討しなければならない．これらの検討した図面等は，建築の確認申請などにも利用される．

超高層ビルにおける側撃雷対策として側壁に受雷部を設置する場合には，建物のデザイン面との調和が重要であり，建物の企画段階から関係者との協議が必要となろう．

(b) 引下げ導線システム　引下げ導線システムは，雷電流通過により有害な過電圧を発生することなく迅速に接地システムに伝送するために，保護レベルに応じた平均間隔を規定している．また，建物が高い場合には，電位傾度を低くするために，上下方向で20m間隔に建物を周回するような等電位ボンディングを実施することとなっている．これらの要求事項を満足するためには，建物の鉄骨，鉄筋等の金属構造体の利用が非常に有利となる．ただし，この場合には，利用する金属構造体の電気的な連続性が絶対条件となる．

(c) 接地システム　接地システムは，捕捉した雷電流を大地に流し拡散させるとともに，被保護建物と周辺の接地電位を一様にし，有害な過電圧を発生させないようにするものであり，接地極システムと他の金属部分と結合された等電位ボンディング部分をいう．

従来は，接地極の接地抵抗値が重要であるという認識であったが，新JIS (A 4201 : 2003) では，接地極システムの形状及び寸法が重要な要素であるとしている．形状としては，小規模建築物及び大地抵抗率の低い場合に適しているA型接地極，大規模建築物に適したB型接地極の2種類に分けられる．そして，それぞれの寸法は，図3.1.5に示した値以上としなければならない．そのため，建設前にその土地の大地抵抗率の測定が不可欠となっている．

A型接地極では，板状，垂直，放射状の接地極などの簡単な構造のものであり，図3.1.6に示したようなものであるが，B型接地極では，環状接地極，網状接地極等の比較的大形構造のもので（図3.1.7），大規模のビルなどでは地下部分にあるコンクリート内の鉄筋を利用した基礎接地極は非常に経済的で有効なB型接地極として利用可能である．

以上のような外部LPSを設計する場合に，経済的で合理的な方法は，でき

(a) 環状接地極   (b) 網状接地極

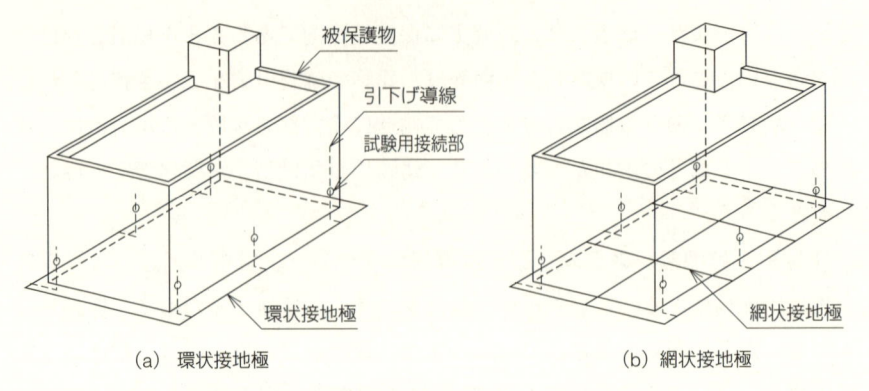

図 3.1.7 B 型接地極(例)(JIS A 4201 解説図 9)

るだけ建物の金属製構成部材を利用することである．そのためには，建物建設の企画・設計段階から，雷防護システムについて施主や建築家とも協議をしながら設計することが必要になってくる．

また，隣接する建物間を各種ケーブルが接続している場合には，建物間の接地電位差を低減するために接地の統合化が必要となる．工場の敷地内をメッシュ接地とし，建物間を統合接地した例を図 3.1.8 に示す．

(3) 内部 LPS の設計

(a) 等電位ボンディング　内部雷保護システムは，等電位ボンディングが基本となっており，建物の金属製構造体は原則すべて電気的に接続することが必要であるため，建物建設前の設計段階からの検討が外部 LPS と同様に必要である．

外部 LPS に流れる雷電流により発生する（外部 LPS と建物内の金属部分との間の）電位差を低減するために実施する等電位ボンディングは，建物内のすべての金属製工作物（金属構造体，設備用配管構造物，階段，エレベータのガイドレール，換気・暖房・空調用ダクト等）を外部 LPS と電気的に接続しなければならない［旧 JIS（A 4201：1992）の避雷設備の接地は，建物と離して施工することが原則となっていた．］．このような作業を確実に実施するには，建設作業の担当者への事前の十分な説明と理解が必要となってくる．

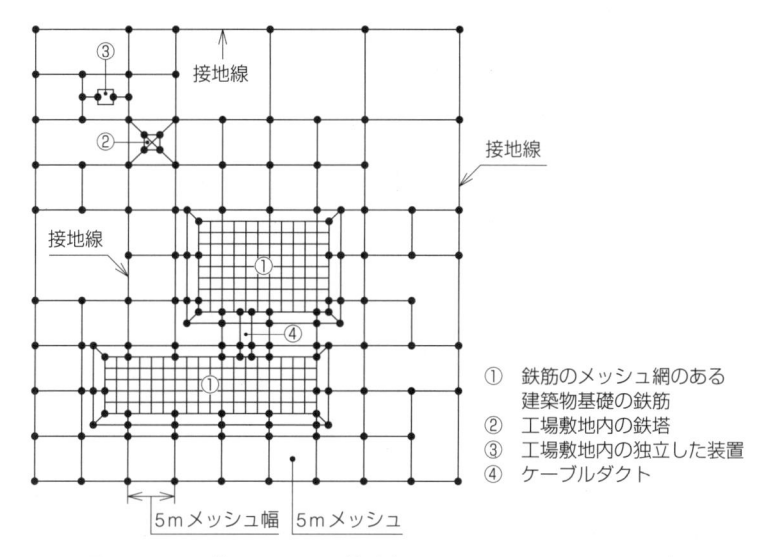

3.1 建築物等のSPSの考え方と具体的な設計方法 71

図3.1.8 工場のメッシュ接地極システムの配置図
(JIS C 0367-1 解説図2)

① 鉄筋のメッシュ網のある建築物基礎の鉄筋
② 工場敷地内の鉄塔
③ 工場敷地内の独立した装置
④ ケーブルダクト

さらに，建物に引き込まれている各種の金属製配管類で系統外導電性部分と呼ばれているもの（上下水配管，ガス管，冷暖房用配管等）は，引込口付近において外部LPSにボンディングされた遮へい体又は接地システムにボンディングしなければならない．ただし，電食防止のため絶縁フランジなどを使用している場合には，直接ボンディングせずに，SPDを使用しなければならない．

建物内の電力線や通信線などのケーブル類には，有害な火花放電が発生しないようにSPDの設置が必要になるが，SPDの選定には，後述の内部システムの絶縁破壊を防止する過電圧防護も考慮したものにすることが合理的である．

等電位ボンディングの具体的な例として，建物の鉄筋にボンディングしたものを図3.1.9に示す．

（b）安全離隔距離の確保 等電位ボンディングができない部分に対しては，安全離隔距離の確保が必要になり，空気中又は絶縁材料に応じた距離を計算しなければならない．これらは，等電位ボンディングと同様に有害な火花放電の防止とともに，接触による感電事故防止のために重要なことである．

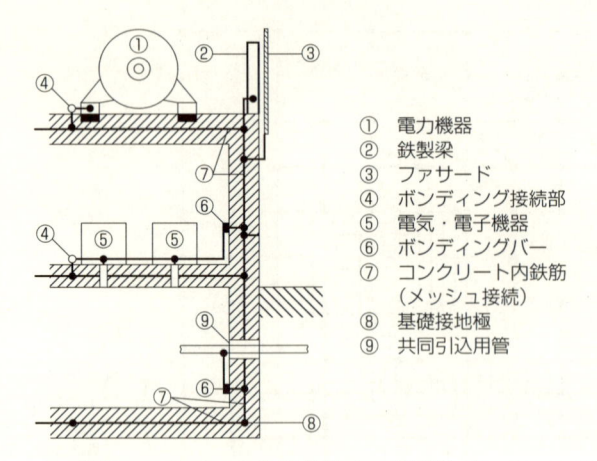

図3.1.9 鉄筋コンクリート造建築物内の等電位ボンディングの例

① 電力機器
② 鉄製梁
③ ファサード
④ ボンディング接続部
⑤ 電気・電子機器
⑥ ボンディングバー
⑦ コンクリート内鉄筋（メッシュ接続）
⑧ 基礎接地極
⑨ 共同引込用管

受雷部又は引下げ導線と建物内の金属部との間の距離 d は，安全離隔距離 s 以上とし，次式により計算する．

$$d \geqq s$$
$$s = k_i \frac{k_c}{k_m} l \text{ (m)}$$

ここに，k_i：雷保護システムの保護レベルにかかわる係数

k_c：引下げ導線に流れる雷電流にかかわる係数

k_m：絶縁材料にかかわる係数

l：離隔距離を適用する点から直近の等電位ボンディングまでの受雷部又は引下げ導線に沿った長さ

引下げ導線の開口2点間の距離 d は，上式の s 以上としなければならない（図3.1.10）．

保護レベルⅣで，コンクリート建物の場合で計算すると，$s = 0.5$ m $= 50$ cm となり，d は50 cm以上としなければならない．

その他，各フロアに設置された電気設備（分電盤等）と引下げ導線との間，又は引下げ導線として利用されている鉄骨等との間の距離についても，安全離隔距離の確保が求められることがある（図3.1.11）．

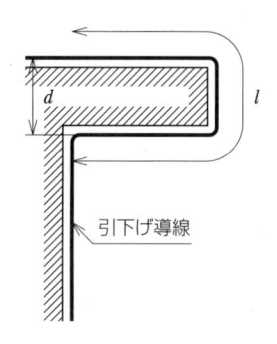

3.1 建築物等のSPSの考え方と具体的な設計方法 73

図 3.1.10 引下げ導線のループ (JIS A 4201 図1)

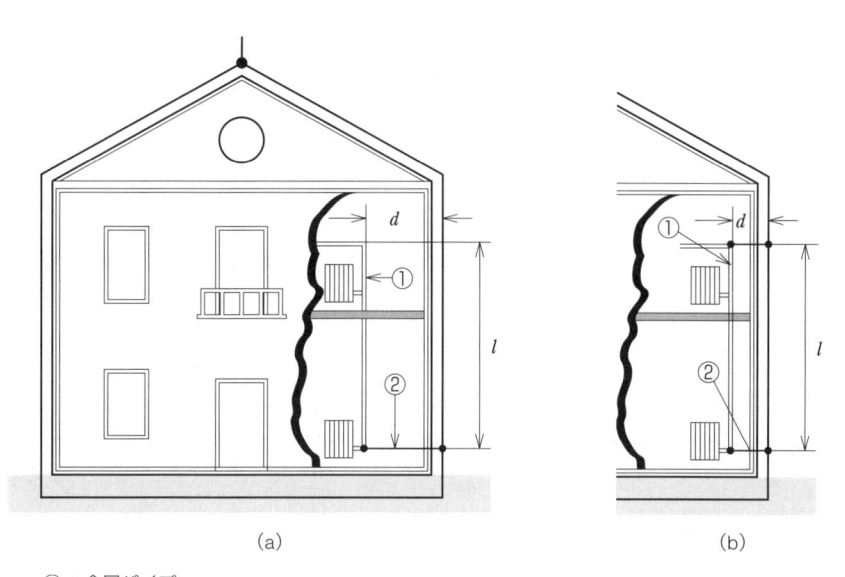

(a)

(b)

① ：金属パイプ
② ：等電位ボンディング
d ：引下げ導線と建物内の金属製設備との距離
s ：安全離隔距離
l ：sを計算するための長さ

注 引下げ導線と内部設備との間の距離が計算した安全離隔距離以上にできない場合には，最も離れた箇所でボンディングすることが望ましい［図(b)参照］．

図 3.1.11 LPSと金属製設備との離隔距離の例

3.1.4 従来の LPS［避雷設備（避雷針）］の設計手法

旧 JIS（A 4201：1992）では，構造の具体的な材料や寸法が細かく規定されているので，そのまま規定どおりの設計をし，施工しなければならない．

この方法による避雷設備は，国交省告示第 650 号（2005 年 7 月）により当面その設置が認められているが，高層の建物の側撃雷に対する保護効果が，新 JIS（A 4201：2003）の構造と比較してかなり劣るため注意が必要である．

(1) 受雷部

受雷部は突針又はむねあげ導体などからなるが，突針だけで対象物を保護しようとすると長い突針となり，施工の作業性や美観上が悪くなり，工事費の上昇も考えられる．したがって，煙突，アンテナや高架水槽などの突起物，屋上の塔屋部分などのように比較的面積の狭い部分の保護に適している．

実際には，突針とむねあげ導体の組合せが多く，ビル突角部やひさし角部の重点的な保護にはむねあげ導体が適している．

空中に突出させた突針の材料としては，銅，耐食アルミニウム，溶融亜鉛めっき鋼の直径 12 mm 以上の棒又は同等以上のものを使用しなければならない．むねあげ導体は，材料，寸法及びその他の規定は避雷導線とみなして，その規定に準拠する．

(2) 避雷導線

避雷導線は，受雷部で捕捉した雷電流を接地極へ流すために接続する導線で，30 mm^2 以上の銅線（アルミニウムの場合は 50 mm^2 以上）を使用する．引下げ導線は避雷導線の一部で，被保護物の頂部から接地極までのほぼ垂直部分をいい，原則 2 条以上設置し，建物の外周に沿ってほぼ均等で，かつ，できるだけ突角部に近く配置し，間隔は 50 m 以内でなければならない．受雷部が複数の場合には，むね，パラペット又は屋根上などに設置した避雷導線によって連接又はループ状に接続しなければならない．

引下げ導線は，被保護物に沿って最短距離で引き下ろし，銅，黄銅又はアルミニウムの止め金具を使用して，適当な間隔で堅固に被保護物に固定しなければならない．さらに，引下げ導線が地上から地中に入る部分は，木や竹といい，

コンクリート管,硬質ビニル管などを通じて,地上 2.5 m 以上のところから地下 0.3 m 以上のところまでを機械的に保護しなければならない.なお,アルミニウム製の導線は地中に埋設してはならない.

避雷導線は,電灯線,電話線又はガス管に対しては 1.5 m 以上距離を離さなくてはならないが,距離 1.5 m 以内に接近している電線管,雨どい,鉄管,鉄はしごなどの金属体は 14 mm² 以上の銅線などで接地しなければならない.

(3) 接地極

接地極は,各引下げ導線に 1 個以上設け,長さ 1.5 m 以上,外形 12 mm 以上の腐食しにくい材料［溶融亜鉛めっき鋼棒,銅覆鋼棒,銅棒,厚さ 1 mm 以上のステンレス鋼管（SUS 304）など］のものを使用しなければならない.なお,異種金属相互の接続部においては,電気的腐食の生じないようにすること.

旧 JIS（A 4201：1992）では,接地極の接地抵抗値が重要であり,避雷設備の総合接地抵抗は 10 Ω 以下,各引下げ導線の単独接地抵抗は 50 Ω 以下としなければならない.大地抵抗率の高い山地や砂地などにおいては上記値を確保できないことが多く,その場合には長さ 5 m 以上の導線 4 本を放射状に埋設した接地線をループ状に接続した環状埋設地線などの例外規定があるが,避雷針製造業者は接地極の形状や方法,各種の抵抗低減材などを用意して,規定の接地抵抗値を確保する努力をしている.

(a) 鉄骨,鉄筋コンクリート造りの建物に対する避雷設備 鉄骨,鉄筋造りの建物に対し,柱や梁,金属製屋根等は受雷部や引下げ導線としての利用が可能であり,基礎の接地抵抗が 5 Ω 以下であれば接地極の省略も可能である.

(b) 火薬,可燃性液体などの危険物用途の建物に対する避雷設備 危険物用途の建物に対する避雷設備の保護範囲は,一般の建物と異なり,保護角度は 45°以下としなければならない.また,可燃性ガスが発散する恐れのあるバルブやケージなどから 1.5 m 以上離し,やむを得ない場合には引火防止上有効な構造としなければならない.

また,金属製油槽などにおいては,すべての管バルブなどと油槽並びに金属相互間を電気的に接続して火花を出さないようにし,接地極は油槽などに腐食

の影響を及ぼさないようにしなければならない．

3.2 建築物内部のSPSと具体的な設計方法

建築物の内部設備・機器のSPSを設計するに当たっては，JIS C 0367-1 及び C 5381-12 に基づいて設計を行う．

3.2.1 SPD 設計の外部（環境）条件
（1）雷サージ侵入経路及び耐電圧破壊経路

設備及び機器の破損（破損モード）は，次に示す主に三つの経路からの雷サージによる機器の耐電圧破壊で発生するものと考えられる．図3.2.1に各回線間での破損モードを示す．

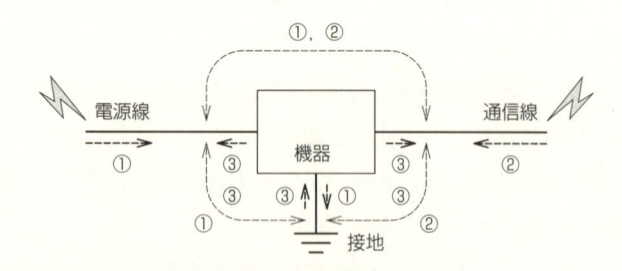

図3.2.1　絶縁破壊の経路

① 電源線からの雷サージ侵入により，電源線と接地間及び電源線と通信線間で耐電圧破壊．
② 通信線からの雷サージ侵入により，通信線と接地間及び通信線と電源線間で耐電圧破壊．
③ 大地電位上昇による雷サージ流入により，接地と電源線間及び接地と通信線間で耐電圧破壊．

機器の耐電圧は，一般的に交流電源端子と接地間の耐電圧はAC 1 500 Vの1分間で設計されているものが多い．これらの耐電圧で設計され製作された種々

の機器についてインパルス発生器を用いた耐電圧試験の結果，インパルス耐電圧の実力は，交流電源側は5～6kV程度である．機器の設置場所による機器に必要な定格インパルス耐電圧を表2.4.6に示した．図3.2.2に住宅の屋内配線系統と過電圧カテゴリの分類を示す．

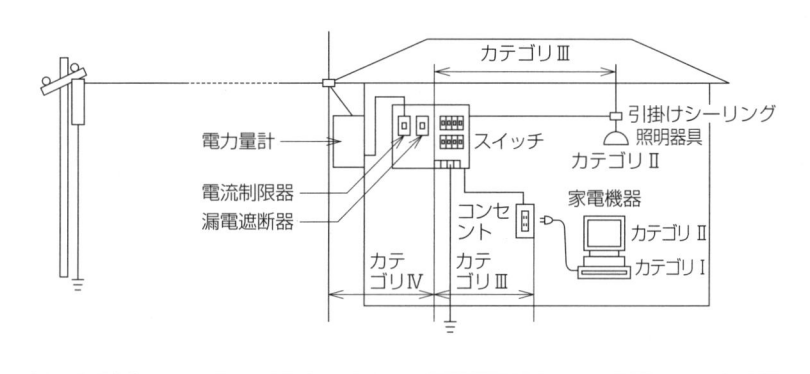

図3.2.2 住宅の屋内配線系統と過電圧カテゴリの分類

(2) 侵入する過電圧

JISでは低圧配電系統を，基本的に接地系統の形式（TNC，TNS，TNC-S，TT，IT）及び公称電圧で規定している．様々なタイプの過電圧及び電流が生じるが，過電圧を三つのグループに分類している．

(a) 誘導雷サージ電圧 電流又は電圧値の組合せによるSPDのクラス試験でのI_{imp}，I_{max}又はU_{oc}選定の主な要因は，ほとんどの場合，雷ストレスである．
波形及び雷サージの電流（又は電圧）振幅の評価は，SPDの適切な選定に必要である．なぜなら，SPDの防護レベルを，実際に防護すべき機器に適切

に合致するように決めるためである．例えば，頻繁に雷撃がある場所では，クラスⅠ試験又はクラスⅡ試験に耐える適切なSPDを選定する．

一般的に，高いストレス（例えば回線への直撃雷又は回線に誘起したサージの場合）は，電気設備の外部から建物へ向かって発生する．建物の内部では，ストレスは設備の入口から内部回路へ向かって減少する．この減少は，回路構成及びインピーダンスの変化による．雷サージに対する防護の必要性は次の事項の大きさによる．

（ⅰ）地域の地落落雷密度 N_g（平均の年間落雷密度，建物が設置している地域における1年間の1 km^{2}当たりの雷閃光）：最近の雷位置システムでは，N_gについての合理的な精度の情報を得ることができる．

（ⅱ）給電サービスを含む電気設備の被雷度：地下系統は一般的に架空系統に比べ，より被雷度が少ないと考える．電力供給を地下ケーブルによると規定した場合でも，防護のためにSPDを使用してもよい．サージ防護の必要性の決定に関して，次の項目を考慮することが必要である．

・設備がその近辺に雷保護システムを備えている場合．
・ネットワークの架空部分から設備までのケーブル長が，十分な分離距離（減衰）でない場合．
・大気起源の高いサージが，設備に接続しているトランスの中圧（電圧の中点）側に供給している架線に予想できる場合．
・地下ケーブルが高い大地抵抗のために直撃雷の影響を受けることがある場合．
・ケーブルによって給電している建物の大きさ又は高さが，建物への直撃雷の危険を増すのに十分な大きさである場合．
・電力系統及び機器に影響を与える他の入力（出力）サービスの回線（電話回線，アンテナ系統）への直撃雷の危険がある場合．
・他の架空線によるサービスがある場合．

単一の電源供給系統から給電されている多くの建物の場合，SPDを備えていない建物は，電気系統が高いストレスを被ることがある．建物への直撃雷の

3.2 建築物内部のSPSと具体的な設計方法

表 3.2.1　各回線で予想される雷電流値

雷保護領域		LPZ 0/1	LPZ 1/2	LPZ 2/3
電源線	10/350 μs（直撃）	1 ～ 20 kA	—	—
通信線	8/20 μs（誘導）	0.05 ～ 20 kA	0.05 ～ 10 kA	0.05 ～ 5 kA

場合に，外部雷保護システムを装備した建物の中のSPDに流れる電流分布を決定するのに，一般的には接地の直流抵抗値（例えば，建物の接地，管，配電系統の接地）を用いて計算する．予想される雷サージ電流値を表3.2.1に示す．

(b) 開閉サージ　ピーク電流及び電圧に関する開閉過電圧のストレスは，通常，雷ストレスより低いが時間がかなり長いことがある．しかし，特に建物の奥深い場所又は開閉過電圧の発生源近くの場合には，開閉ストレスが雷によって生成したストレスより高くなる．

適切なSPDを選定するため，これらの開閉サージに関連するエネルギーを知ることが必要である．

(c) TOV　一時的過電圧は振幅及び時間の二つの次元をもっている．過電圧の持続時間は，主に電力供給系統（SPDを接続する低圧配電系統と上位の高圧配電系統の両方を含む．）の接地に依存する．

JIS C 5381-1の附属書Bに規定しているTOV値（TT系統で$1\,200 + U_0$）は，日本の配電方式のTOV値と大きくかけ離れた数値になっている．改訂が予定されているIEC規格には，備考で各国の配線方式に従ったTOV値を適用してもよいと規定している．現行の電気技術基準に基づくTOV値は，$600\,\text{V} + U_0$（1秒間）になっている．

(d) 大地電位上昇電圧　JISではまだ規定していないが，上述のこれら三つの過電圧以外に接地系統から流入する大地電位上昇電圧がある．

中性点が直接接地されている電力系統に落雷その他の原因で地絡故障が発生した場合，その地絡点を通じて故障電流が流れ，中性点接地場所の接地抵抗と故障電流の積に相当する電圧だけ接地点の大地電位が上昇する．

電力系統に地絡事故が発生し，地絡電流が所内接地に流入すると，地絡電流と所内接地の接地抵抗値の積で決まる大地電位上昇電圧が発生する．この大地

電位上昇電圧は所内接地と遠方接地間に印加されることになる．JISで規定している三つの過電圧以外に，大地電位上昇電圧を考慮して雷対策の設計を行わなければならない．大地電位上昇についての詳細は，3.2.5項に記述する．

3.2.2 建築物の内部設備・機器のSPS

配電系統にSPSを設置する場合に，JIS C 5381-12に基づいて，次のような手順でSPSの設計及びSPDの選定を検討する．

(1) 防護及び設置の方法

防護対象機器(被保護機器)が十分な過電圧耐量があり，又は分電盤の引込口に近接した位置にある場合は，1個のSPDだけでもよい．この場合，SPDは設備引込口にできるだけ近接に設置して，十分なサージ耐量をもたなければならない．

(2) 防護距離での振動現象の影響

特定の機器を防護するために使用するSPD又は分電盤入口に設置したSPDは，防護しようとする機器にできるだけ近接して設置すること．これは，被保護設備とSPD間の距離が非常に大きい場合，サージ電圧の反射等による振動現象により一般にU_pの2倍以内の高い電圧，ある環境下では2倍を超す電圧が機器の端子間に発生するためである．

(3) 接続したリード線長

最適な過電圧の防護の達成又は防護効果の減少を防ぐために，SPDの接続導体（リード線）はできるだけ短くしなければならない．

(4) 追加防護の必要性

建築物の引込口でのストレスが低い場合，1個のSPDで十分である．その場合，SPDを主引込口に近接して設置する．なお，系統中で防護する最も高感度な（サージ耐量の小さい）機器の耐電圧を考慮することが必要である．

次の場合，防護対象機器についての追加の防護が必要になることがある．

① 非常に高感度の機器（電子，コンピュータ）
② 引込口に設置したSPDと防護対象機器間の距離がかなり長いとき
③ 雷放電によって発生した建築物内部の電磁界及び内部の妨害源がある

とき

(5) クラス試験に基づくSPDの設置場所の選定

侵入ストレスに依存する引込口では，クラスI試験，クラスII試験又はクラスIII試験で試験したSPDのいずれかを使用する．適切なSPDを選定するためには，サージを含む電気的なストレスを検討することが重要である．クラスII試験又はクラスIII試験で試験したSPDは，防護対象機器に近接した場所にも適している．

(6) 保護領域の概念

この概念は，配電系統の開閉及び直接／間接雷撃で生じて伝搬し脅威を与える電磁パラメータを，無防備の環境から防護する敏感な機器までに段階的に減少させようと仮定している．保護領域の定義はJIS C 0367-1に基づき表2.1.1に定義し，被保護空間を各種のLPZに分割する例を図2.1.7に示した．

3.2.3 電源・配電系のSPS

電源・配電系のSPSの設計は，JIS C 5381-12に基づいて実施する．

(1) SPDのU_c，U_T及び$I_n/I_{imp}/I_{max}/U_{oc}$の選定

TT系統では，U_cは$1.5 U_0$以上なければならない．TN系統では，U_cは$1.1 U_0$以上でなければならない．IT系統では，U_cは線間電圧U以上でなければならない．

(2) 防護距離

SPDの設置場所を決定するために（引込口，機器に近接など），防護距離，すなわちSPDが十分防護できるSPDと被保護機器間の許容できる距離を知ることが必要である．

この距離はSPD特性（U_pなど），建物内の設備（リード線の長さなど），システムの特性（導体の種類及び長さ）及び機器（過電圧耐量など）に依存する．

(3) 推定寿命及び故障モード

(a) 推定寿命 サージの種類及び発生頻度によって，SPDの寿命は長くも短くもなることがある．

(b) 故障モード 故障モードはサージ及び過電圧の種類に依存する．電源

供給の障害又は中断を避けるために，SPD 及び電源側にある任意のバックアップ防護との協調が必要である．

(4) SPD 及び他の装置との相互関係

(a) 正常状態　連続使用電流 (I_c) は，他の機器（例えば，漏電遮断器）への妨害や人体の安全への危険（間接接触など）をもたらしてはならない．

(b) 故障状態　SPD は漏電遮断器，ヒューズ又は配線用遮断器のような他の装置の動作を妨害しないように，必要な分離器を取り付けてもよい．

(5) SPD 及び漏電遮断器又は過電流防護装置（ヒューズ又は配線用遮断器など）間のサージ協調

過電流防護装置又は漏電遮断器と SPD が協調動作する場合，公称放電電流 (I_n) でこの過電流防護装置又は漏電遮断器が動作しないこと．しかし，I_n より大きい電流においては，通常，過電流防護装置は動作してもよい．配線用遮断器のような復帰可能な過電流防護装置の場合は，サージによって破損しない方がよい．

雷保護システム又は架空線のような高電流被雷の場合，I_n が設備に用いている過電流防護装置の実際の耐電流より大きいときは，過電流防護装置の I_n 以下での動作を許容する．この場合，SPD の公称放電電流の選定はサージ耐量だけに基づく．

電圧スイッチング形 SPD が放電を開始すると，電源供給の質が低下する場合がある．一般的に電圧スイッチング形 SPD が自己消弧しなければ，電源の続流によって過電流防護装置が動作する．そのため SPD の電源側の電流防護装置との協調が必要になる．

(6) 電圧防護レベル U_p の選定

被保護機器のサージ耐電圧及び系統の公称電圧を，SPD の電圧防護レベルの推奨値を選ぶ際に考慮しなければならない．この値が低いほど，よりよい防護となる．これは U_c 及び U_T, SPD の劣化並びに他の SPD との協調を考慮して選定する．

(7) 選定した SPD 及び他の SPD との協調

被保護機器の電気的なストレスを許容値（低い電圧防護レベル）に減少させるため，及び建物の内部の過渡電流を減少させるために，2 個以上の SPD を用

3.2 建築物内部のSPSと具体的な設計方法

いてもよい．それぞれのエネルギー耐量に従い，2個のSPD間のストレスを，許容できる値に分担するための協調が必要である．協調対策は，最初に次のように取り組む．

・侵入サージ i は，SPD1及びSPD2にどのように分流するか．
・2個のSPDは，各々の電流ストレスに耐えることができるか．

2個のSPDが良好に協調していることを確かめるためには，次のエネルギー条件を満足することが必要である．

0から I_{max1}（I_{peak1}）の間の各サージ電流に対して，SPD1及びSPD2で消費した部分のエネルギーが最大エネルギー耐量（E_{max2}）以下の場合に，エネルギー協調が達成できる．

協調の検討は複雑な場合がある．適切な協調のための最も容易な方法は，すべてのSPDを同じ製造業者が供給して，選定したSPD間の距離又はインピーダンスに関する必要条件を，製造業者に確認することである．

(8) TT系統でのSPDの設置例（図3.2.3，図3.2.4）

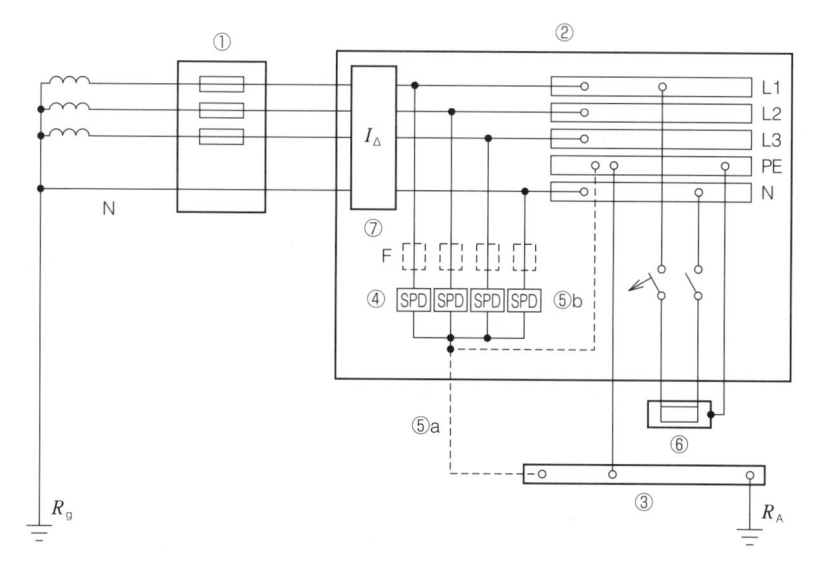

図3.2.3　TT系統（漏電遮断器の負荷側のSPD：CT1接続）でのSPDの設置例　（JIS C 5381-12　附属書図K.2）

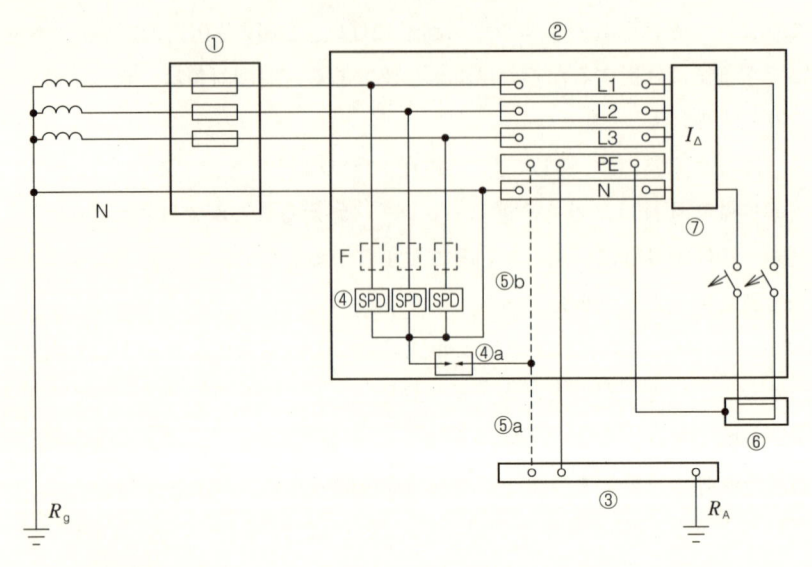

① 電力供給点
② 分電盤
③ 主接地端子又はバー
④ サージ防護デバイス
④a JIS C 0364-5-534 (2.3.2) によるSPD又はスパークギャップ
⑤ 5a又は5bいずれかをSPDの接地に接続
⑥ 防護する装置
⑦ 漏電遮断器
F SPDの製造業者が指定する防護デバイス（例えば，ヒューズ，回路遮断器，漏電遮断器）
R_A 設備の接地極（接地抵抗）
R_g 配電系統の接地極（接地抵抗）

図3.2.4 TT系統（漏電遮断器の電源側のSPD：CT2接続）での SPDの設置例 (JIS C 5381-12 附属書図K.3)

3.2.4 情報通信線のSPS
（1）過渡電圧を低減するSPDの選定

情報通信装置に対するSPSの概念の構成例を図3.2.5，図3.2.6に示す．JIS C 0367-1では雷保護領域を規定しており，SPDの選定はこの雷保護領域の段階及び図3.2.6の電圧防護レベルに従って選定することが望ましいと記してある．

表3.2.2はJIS C 0367-1における雷保護領域に関する概念構成で分類を行っており，この表を参考に選定する．通常，通信線は多条してある場合は，その

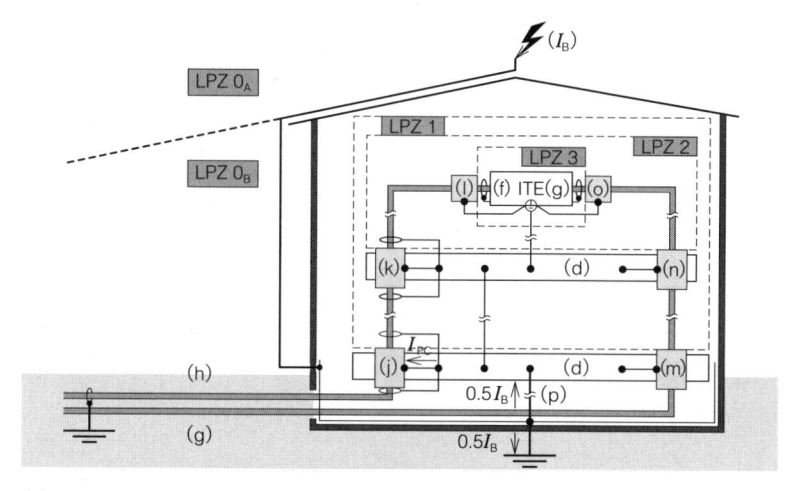

3.2 建築物内部のSPSと具体的な設計方法

(d)	雷保護領域(LPZ)の境界の等電位ボンディング用バー(EBB)
(f)	情報技術又は通信ポート
(g)	電源ポート又はライン
(h)	情報技術又は通信回線若しくはネットワーク
I_{PC}	雷電流の部分的なサージ電流
I_B	異なる結合経路を通して建物中で部分的雷電流 I_{PC} を引き起こす JIS C 0367-1 に従った直撃雷電流
(j, k, l)	JIS C 5381-21の表3に従ったSPD
(m, n, o)	JIS C 5381-1のクラスⅠ試験, クラスⅡ試験及びクラスⅢ試験に従ったSPD
(p)	接地導体
LPZ 0_A…3	JIS C 0367-1に従った雷保護領域 0_A…3

図3.2.5 雷防護の概念に基づく構成例

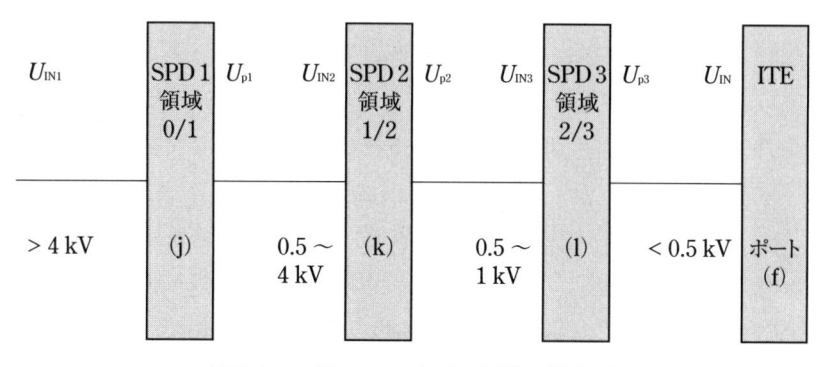

図3.2.6 図3.2.5における領域の構成例

表 3.2.2 JIS C 0367-1 及び C 61000-4-5 による (領域) 境界に使用する SPD 選定の手引き

JIS C 0367-1 の雷保護領域		LPZ 0/1	LPZ 1/2	LPZ 2/3
サージの範囲	10/350 10/250	0.5 ～ 2.5 kA	—	—
	1.2/50 8/20	—	0.5 ～ 10 kV 0.25 ～ 5 kA	0.5 ～ 1 kV 0.25 ～ 0.5 kA
	10/700 5/300	4 kV 100 A	0.5 ～ 4 kV 12.5 ～ 100 A	—
SPD の所要性能 (JIS C 5381-21 表 3 のカテゴリ)	SPD (j)*	D1, D2 B2	—	建築物外部への抵抗結合なし
	SPD (k)*	—	C2/B2	—
	SPD (l)*	—	—	C1

注* SPD (j, k, l) は，図 3.2.5 を参照．
備考 LPZ 2/3 で示したサージの範囲は，典型的な最小の耐力所要性能を含む．
また，市場要求により機器に適用してもよい．

心線数で想定する雷サージ電流を除した値を考慮して選定する．

情報技術システム内に伝搬する最終的な雷電流波形は，システムの配線及び SPD の動作によって変化する．SPD (j) の防護レベルが，機器の耐力レベルより高い場合には，SPD (j) と協調した適切な防護レベルをもった SPD を取り付ける．代替案として，適切な電圧防護レベルをもった SPD を SPD (j) に置き換える．雷撃の電磁効果又はあらかじめ設置してある SPD の過渡的変化により誘起するサージ電流は，8/20 の電流波形である．情報技術ライン及び電気通信回線に近接し，それらの回線に接続している情報通信装置 (ITE) から離れている雷撃によって誘起する電圧は，10/700 の電圧波形である (JIS C 5381-21 の表 9)．

10/700 の電圧波形は，JIS C 61000-4-5 及び ITU-T 勧告等で標準的に使用している波形であり，このインパルス発生器試験回路により発生する電流波形は，5/300 となる．図 3.2.7 に通信ポートと電源ポートをもつ情報通信装置の雷防護例を示す．JIS C 5381-22 では "SPD の線間及び対地間の電圧制限の仕様は，システムの防護性能に合致することを確認することが重要である．" と記されている．図中の電源ポートでは，直流給電されている装置の例であり，片線接

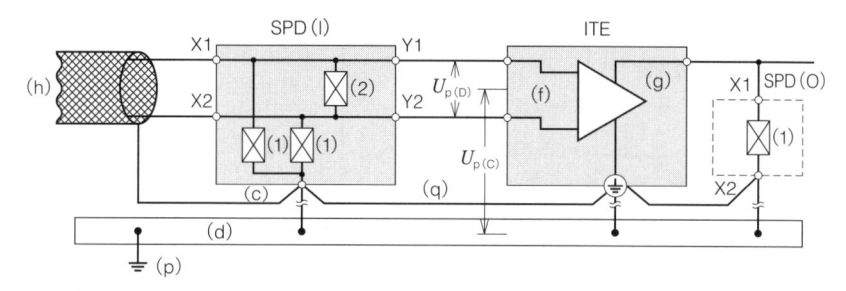

3.2 建築物内部のSPSと具体的な設計方法

(c) SPD内のすべての対地間電圧制限サージ電圧素子が参照とするSPDの共通接続部
(d) 等電位ボンディング用バー
(f) 情報技術又は通信ポート
(g) 電源ポート
(h) 情報技術又は通信回線若しくはネットワーク
(I) 表5.2.3に従ったSPD(JIS C 5381-21の表3)
(o) JIS C 5381-1のクラスⅢ試験に従った電源用SPD
(p) 接地導体
(q) 必要な接続(できるだけ短く)
$U_{p(C)}$ 電圧防護レベルに制限した対地間電圧
$U_{p(D)}$ 電圧防護レベルに制限した線間電圧
X1, X2 SPDを接続する無防護側の端子で,その端子間に制限素子(1,2)を設置する
Y1, Y2 防護側のSPD接続端子
(1) コモンモード電圧を制限するJIS C 5381-300シリーズに従ったサージ電圧防護素子
(2) 線間電圧を制限するJIS C 5381-300シリーズに従ったサージ電圧防護素子

図3.2.7 通信ポートと電源ポートをもつ情報通信装置

地してある.このため,線間(対地間)だけの雷防護使用例となっているが,通常交流での給電も多くあり,この場合には線間,対地間共にSPDを設置する.

(2) 宅内情報通信装置の雷防護

通信線の接地(加入者保安器用接地)と電力線の接地(トランスのB種接地)が異なる位置に設置されているため,たとえ加入者保安器の避雷器が動作した場合でも,接地抵抗による電位上昇分だけの電位差が,宅内装置の通信線と電力線端子間に生じ,装置の絶縁破壊が起こりやすくなっている(図3.2.8).

通信線の電位が上昇したときに電力線との間に電位差を生じ,これが通信装置の耐圧以上になると電力線に電流が流れる.このとき,通信装置の内部回路にも過電流が流れて素子を破損し故障に至る.また,電力線に雷サージが誘導した場合にも,通信線との間に電位差を生じ同じメカニズムで通信装置が破損

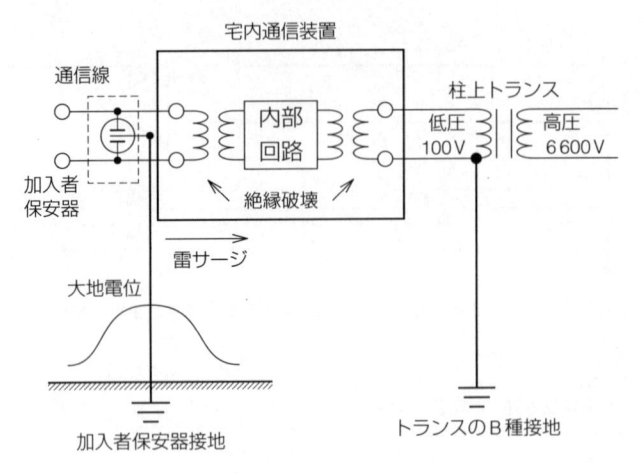

図3.2.8 雷害発生メカニズム

する．このため，宅内通信装置の雷防護の方法には，以下の三つがある．

① **共通接地方法**　通信線及び電力線の接地を共通化し，接地間電位差による装置への過電圧印加を防ぐ方法である（図3.2.9）．この方法は，個々の宅内通信装置に雷サージ等の過電圧が発生せず，技術的に最も優れた方法だが，電力線への避雷器の設置と接地の共通化を図る必要がある．

② **バイパスアレスタ法**　通信線と電力線間に取付けた避雷管やバリスタを動作させて，宅内通信装置に過電圧が印加されるのを防止する方法である（図3.2.10）．この方法は安価であるため，日本においては一番よく用いられている方法である．

③ **絶縁法**　通信線又は電力線に絶縁トランスを挿入し，宅内通信装置の絶縁破壊を防止する方法である（図3.2.11）．

単体電話機の場合では，電話機を小型化するためほとんどの機器で電源アダプタを採用している．このタイプの電話機では電源アダプタによる電力線側絶縁法を適用している．しかし，電源アダプタ内の絶縁トランスの耐力以上の雷サージ電圧が通信線に生じると電話機が故障するので，このような場合は，バイパスアレスタ（通信線−電力線間用）を付加する（図3.2.12）．

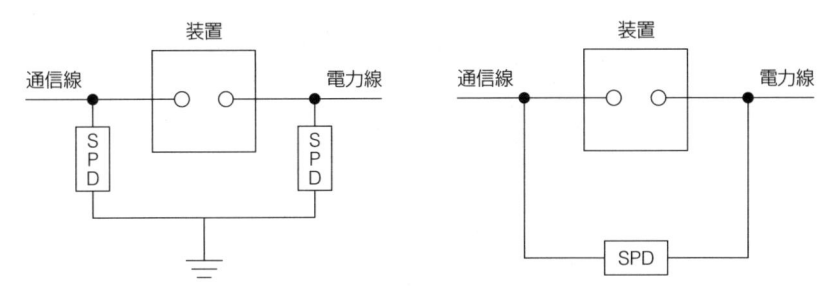

3.2 建築物内部のSPSと具体的な設計方法　　89

図 3.2.9 共通接地法

図 3.2.10 バイパスアレスタ法

通信線側絶縁

電力線側絶縁

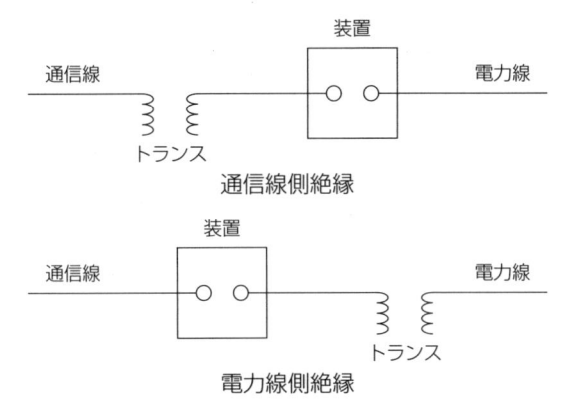

図 3.2.11 絶　縁　法

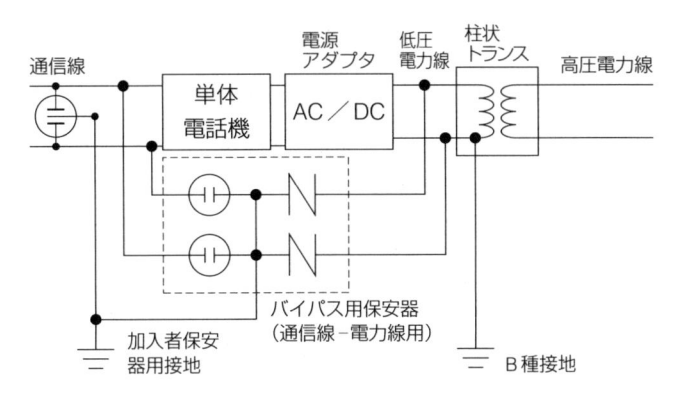

図 3.2.12 単体電話機の雷防護

ホームテレホン，ビジネスホンの場合は，電源回路を主装置に内蔵しているので小型化のためほとんどの機種で"バイパスアレスタ法"を適用している（図 3.2.13）．

PBX の場合は，外線，内線の本数が多くなるので，個別のバイパスアレスタ方式を適用するのでは，コスト的，スペース的に不利になる．このため，PBX の外線・内線及び電力線に避雷器を取り付け，これらを接地バーで一点接地にする（図 3.2.14）．

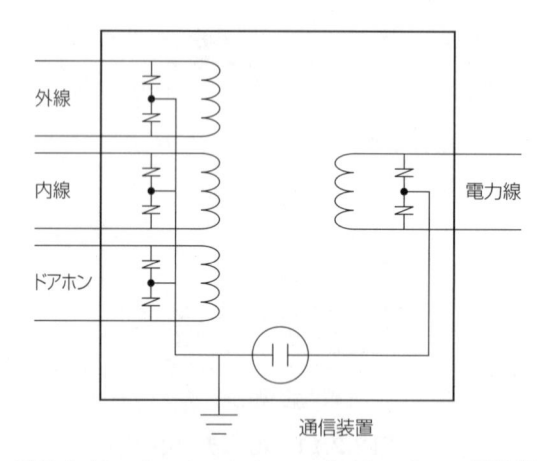

図 3.2.13 ホームテレホン・ビジネスホンの雷防護
（バイパスアレスタ内蔵タイプ）

(3) 通信センタビルの雷防護

現在多くの通信センタビルでは，複数の接地をそれぞれの目的に応じて施工・運用している．しかし，用途別に複数の接地を独立に設置すると，EMC（電磁両立性）上の問題が発生する．このため，雷などの妨害に対してシステムの信頼性を確保し，かつ国際標準や従来から使用している接地構成との整合を図った新しい接地構成方法が開発されている．

接地構成方法を図 3.2.15 に示す．接地極を 1 点化し，ビルの最上階から最下階まで幹となる接地母線を配線する．この 1 点化した接地極と接地母線との接

3.2 建築物内部のSPSと具体的な設計方法　　　　91

続点をインタフェースAと定義する．また，接地母線と各通信システムとの接続点をインタフェースBと定義する．インタフェースBは各階に設置し，建物の鉄骨・鉄筋と接続する．また，異なる階に設置された通信システム間の通信線を直流的に絶縁する点をインタフェースCと定義する．インタフェースC

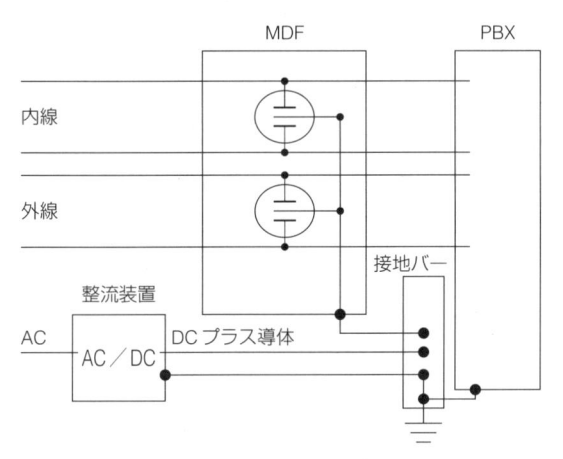

図3.2.14　PBXの接地方法

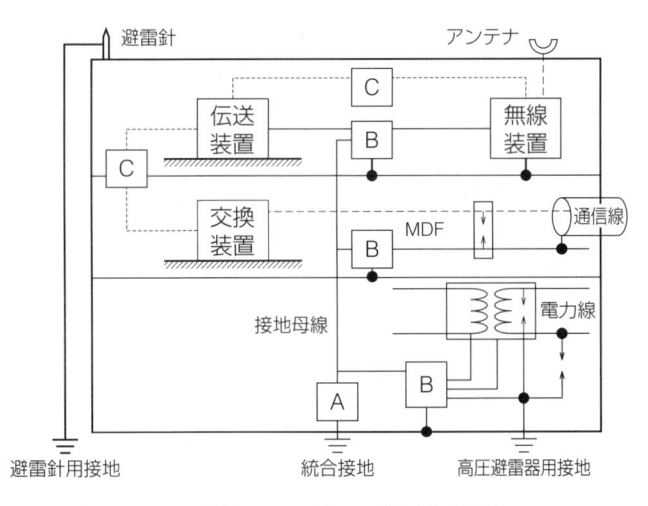

図3.2.15　通信センタビルの接地構成方法

において，異なる階に設置された通信システム間の通信線を，絶縁トランスや光リンクによって，直流的に絶縁することで迷走電流が装置に回り込むのを防ぎ，装置の破壊や誤動作を防止する．

(4) 山頂基地局の雷防護

従来は，環状連接接地による等電位化で十分な雷防護効果をあげていた．しかし，最近はこの対策を施していても，装置のLSIなどに伴い雷害が発生する場合が増えてきた．このため，建物内で通信装置間に電位差が発生しないように，従来の環状接地母線をベースにして，更に以下の対策を行う（図3.2.16）．

① 建物外から引き込まれる電力線，通信線，アンテナフィーダ及び水道管等の金属物を近接した一点から引き込み，建物の鉄骨，鉄筋に接続する．

② 建物内の電力線，通信線，及び接地線によって形成されるループを小さくするため，これらを近接させて付設する．

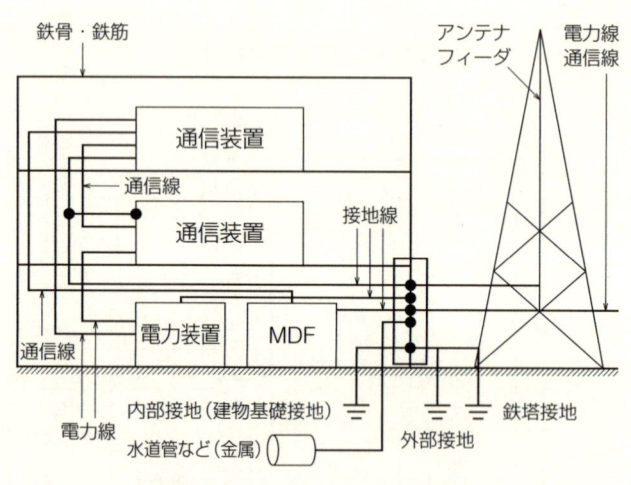

図3.2.16 山頂基地局の雷防護

(5) 計装用装置の雷防護

データ伝送を行っている計装システムや工場設備をデータ伝送線を介して制

御している装置類は，信号として DC 4〜20 mA の電流信号を使用する例が多く，伝送電源電圧としては DC 24 V タイプが多い．このような装置の雷防護システムを図 3.2.17 に示す．データ伝送を行っているポートの耐力は一般に低い場合が多いため，図 3.2.17 の SPD 1 には，低電圧での応答動作が可能な SPD を選定する．このような SPD 1 は，通常 SPD 内に複数ある SPDC が動作協調するための多段防護回路を構成し，直列に抵抗成分があることに注意しなければならない．

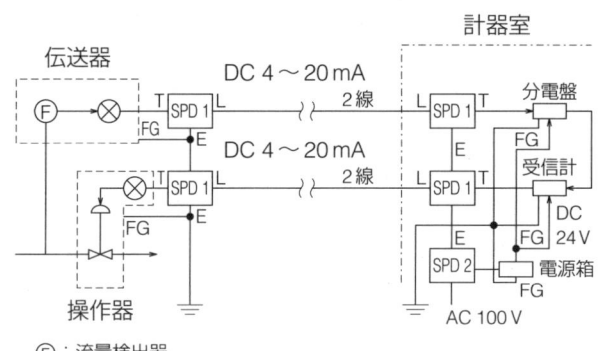

図 3.2.17　信号用計装装置の雷防護システム例

(6) 火災報知設備の雷防護システム

火災報知設備の雷防護システムを図 3.2.18 に示す．火災報知設備の信号は，

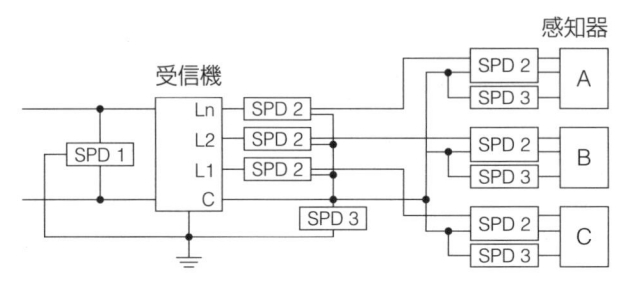

図 3.2.18　火災報知設備の雷防護システム例

各信号線Lと共通線Cとの間でデータ伝送を行っている．火災報知設備の対地間耐電圧は比較的高いが信号線L－L間の耐圧は低い．図3.2.18に示すように電流－電圧感応型の多段防護回路を使用した3端子SPDを使用して雷防護することが必要である．受信機側の電源部では，電源用SPDを使用し，信号側SPDの接地と共通にして接地する．

3.2.5 大地電位上昇による逆電流の防護システム

建築物に落雷があったり，近傍にある建築物に落雷があった場合，落雷があった建築物の接地へ雷サージ電流が流入することにより，その接地点の電位が上昇する．この電位上昇により，雷サージ電流の流れた箇所と異なる場所に接地された箇所から雷電流が配電系や情報通信・データ系システムへ雷電流が流れていく．例えば，図3.2.19に示すように近傍の建物に落雷があった場合には，隣にある建築物の接地点の電位上昇によって，接地点からの逆流による落雷に相応した雷電流が流れる．

この場合，等電位ボンディングを行うことで，雷防護システムを構築できる．すなわち，通信系，配電系及びその他の雷サージが進入する金属物を，必要な場合はSPDを通して等電位ボンディングすることで，内部システムへの侵入を防ぐことが可能となる．

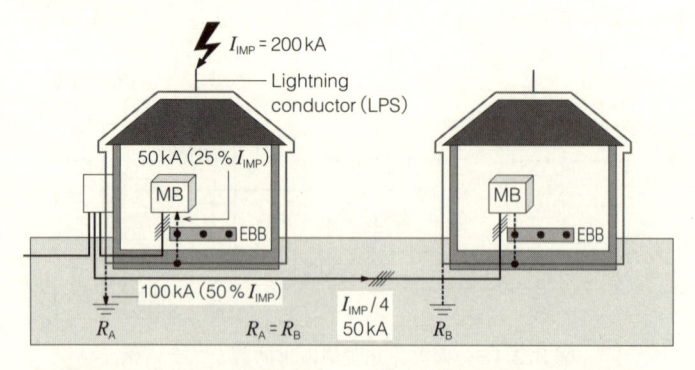

図3.2.19 近傍に落雷があった場合の配電系からの雷電流

3.2 建築物内部のSPSと具体的な設計方法

建築物に付属する接地極は，従来の電気技術基準に基づき目的に合った接地極が各種設置されている．等電位化が基本であるが，等電位化がなされていない場合，建築物の避雷設備に落雷があると，建築物ごとの接地極の電位が上昇し，図3.2.20に示すように各接地間に電位差が生じる．

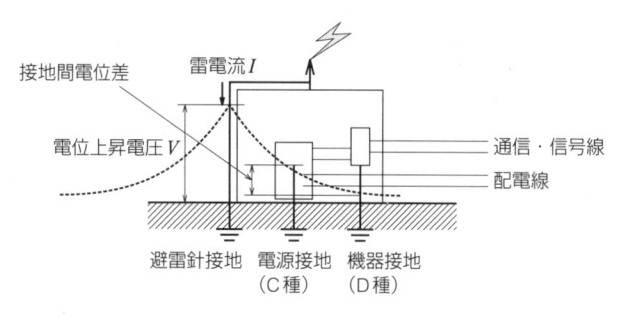

図3.2.20 接地間電位の発生

落雷による大地電位上昇電圧は，次のように計算できる．図3.2.21のように避雷針の接地電極を半球状とし半径をr，接地電極に電流を流した場合の距離x離れた地点での電位は，次式で表される（半径rが，距離xより非常に小さい場合）．

$$E_x = \rho I / 2\pi x$$

ここに，E_x：接地極からx（m）離れた地点での電位（V）

ρ：大地抵抗率（Ωm）

I：接地極に流れる電流（A）（雷撃電流）

x：接地極からの距離（m）（基礎体接地距離＋離隔距離）

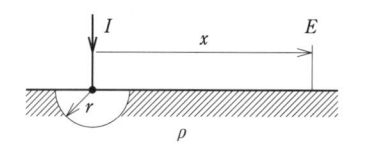

図3.2.21 半球状接地電極の場合

3. 最新のSPS技術

　落雷地点の大地抵抗率が100 Ωmで100 kA（一般建築物の保護レベルⅢ，Ⅳの場合の最大雷撃電流値）の落雷があったと仮定すると，図3.2.22に示すような電位上昇曲線になる．

大地電位上昇電圧値

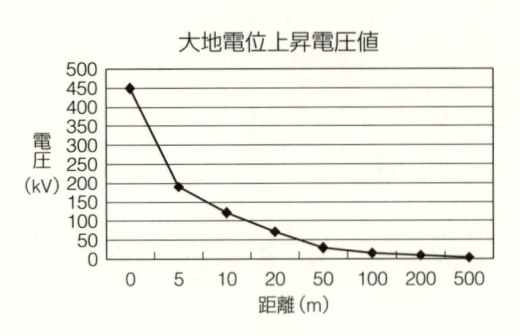

図 3.2.22 距離と大地電位上昇電圧の関係

　大地電位上昇からの一般的な対策方法としては，大地電位上昇のアンバランスをなくすために，等電位化を行うのが一般的である．この場合，等電位ボンディングバーを用いてすべてのメタリック導体を接続することである．等電位ボンディングの方法については，3.1.3項(3)(a)に従って行う．電力線や通信線のように等電位ボンディングバーに直接接続できない場合にはSPDを介して行う．この場合，図4.2.5に示すように，配線長は50 cm以下が望ましい．また，電力線や通信線には，表2.4.2に示した電流が分流するため，この電流に耐えることが可能なSPDを選択する必要がある．

　接地についてもすべて接続することが望ましいが，B種接地を他の接地システムに直接接続することが難しい場合などのときには，一つの接地システムにつながれている機器と他の接地システムにつながれている機器間にSPDを用いて接続する．

　また，特殊な用途として，等電位化以外に，接地系統の異なる二つのシステム間に高耐圧の絶縁トランスを挿入して両者を分離する方式もある．

3.2.6　SPDの設置・防護動作例
(1) 避雷設備のある建築物におけるSPD設置例

　SPDの設置について各種系統，機器が含まれる避雷設備のある建築物を例として説明する．避雷設備のある建築物にはLPSが施されており，系統外の導電性部分（金属管，ダクト等）は直接，系統はSPDを介して等電位ボンディングされるものとする．避雷設備のある建築物といっても様々であり，受電設備，内部設備機器の状況など一律には扱うのが困難な面があるが，ここでは共通的な事柄について記述し，その例を示す．

　通常，避雷設備のある建築物におけるSPDによる建築物内部の機器保護対策は大きく"電源引込口での対策"，"通信線の引込口での対策"，"分電盤の対策"，"その他の対策"に分けられ，その各々についてSPDの設置例を説明する．

　直撃雷電流の分流は，避雷設備のある建築物の接地抵抗と配電線側の抵抗分により計算するのが基本であり，これができない場合に限って50％分流すると仮定してもよいことになっている．避雷設備のある建築物の接地抵抗は概して数mΩ～数十mΩなので，直撃雷電流は大部分大地に放流される．

　(a) 電源引込口での対策　避雷設備のある建築物における電源には低圧引込み，高圧引込みが考えられる．

　(i) 低圧100/200 Vでの引込みの場合　この場合，電源は柱上トランス点でB種接地されて引き込まれる．建築物の接地抵抗と系統の接地抵抗から系統へ流れる雷電流の計算を行って必要なSPDの必要性能を求めるが，一般的には外部LPSが設置された避雷設備のある建築物の接地抵抗はかなり低いので，基本的に雷電流の分流は考慮しなくてよい．しかし，岩盤上又は砂地などに立地されている特殊な場合には，接地抵抗が比較的高い値となるので雷電流の分流を計算しなければならない．

　接地抵抗等が不明の場合には，想定する雷撃電流の50％が外部から引き込まれる電力線・通信線・金属管等に分流すると計算してもよい．

　接地抵抗等が不明の場合の計算例を示す．一般的な保護レベルⅣのLPSでは雷撃電流100 kAを想定しており，これが大地と電力線（3線）だけに分流さ

れるとすると，電力線には 50 kA が分流するので，一相当たり 50/3 = 16.7 kA の SPD を引込み口に設置する必要がある．したがって，I_{imp} = 20 kA のクラス I SPD を選定すればよいことになる．

(ii) 高圧での引込みの場合　高圧受電の場合においては高圧側にもサージ防護装置（アレスタ）を施設する必要がある．通常は公称放電電流 2.5 kA 用又は 5 kA 用アレスタが引込口に設置されている．これは電力側からの雷サージ侵入に対しても有効である．

接地の統合により高圧アレスタ接地と LPS 接地が共通になる場合には，接地電位上昇により高圧アレスタに雷電流が流れる場合があり，建築物側の接地抵抗や系統側の接地抵抗の値の大きさによっては，より大きな公称放電電流のアレスタが必要となる場合がある．

(b) 通信線の引込口での対策　通信線側は，電源線と異なり電線サイズが細くインピーダンスも高くなるため，通信線側への流出は雷撃電流の分流分の 5 % 程度とされている．雷撃電流を 100 kA とすると 5 kA となる．避雷設備のある建築物の場合には電話回線は通常多回線が引き込まれており，電線数で除した値の 10/350 μs の雷電流を処理できる SPD（試験カテゴリ D 1）を MDF に設置する．例えば 50 回線引き込まれていれば，電線の数は 100 本となり，各線に SPD を設置すると，各 SPD に流れる電流は 50 A（10/350 μs）となる．ただし，MDF 内に設置した SPD（保安器）の接地は，電気系の D 種接地と連接して等電位化を図ることが重要である．

(c) 分電盤の対策　避雷設備のある建築物の場合，構造体に雷撃電流が流れ，電磁結合による誘導成分が電力線に入り込む．各フロアの分電盤には誘導雷対策として，5〜10 kA（8/20 μs）程度に対応する SPD を設置する必要がある．

各フロアの分電盤設置 SPD にどの程度の直撃雷電流が分流するかは，実際の設置位置，配線方法等が一律でないため，想定が困難であるが，避雷設備のある建築物の場合には，多数の構造体に分流するため，大きな雷電流は流れない．一般的には，誘導雷対策として設置する SPD で処理できると考えられる．

中央監視室や防災センタ，コンピュータ室における弱電系の機器に対しては，

電源対策が特に重要となり，特殊なSPDの適用例となるが，耐雷トランスの設置も効果的である．

(d) その他の対策 建築物に引き込まれる信号線として，"TVアンテナ"，"ケーブルTV"，"監視カメラ"などの信号線が考えられる．CATVは遠方の送信端へ放流することと考えられ，上記の通信線と同様に対処される．TVアンテナと監視カメラ等は，システムが同じ避雷設備のある建築物内の接地と共通となっていることが一般的であり，基本的に直撃雷電流の分流は考えられない．

次に，建築物内部には，最上階から地下室までLAN，防災設備（火災報知器，非常放送，排煙など），セキュリティ設備，中央監視などの多くの信号線が複雑に配線されている．建築物構造体に雷撃電流が流れた場合，これらの配線に誘導電圧が発生し，機器を破損する可能性があるため，原則的には雷防護ゾーンを通過するすべての機器配線にSPDを必要とするが，現実的でないため，機器内部での対策が望まれる．

建築物の最上階やペントハウスに設置された照明設備や防災設備は，屋上の受雷部に雷撃を受けた場合，直撃雷の影響を直接受ける可能性がある．

(2) SPDの防護動作例

避雷設備のある建築物の防護例を，簡略化して図3.2.23に示す．この図には雷保護領域と耐インパルスカテゴリとの関連を示す．このような避雷設備のある建築物の外部雷保護システムに雷撃があり，各回線への雷電流値が計算できない場合，簡略的に雷撃電流の50％が大地に分流し，残りの50％は大地電位上昇により電源線に45％，通信線に5％として分流すると考えてもよい．建築物の構造体を含む避雷設備の接地抵抗が系統の接地抵抗より小さい場合には，それぞれの回線に分流する電流の割合は小さくなる．図3.2.23に示すように，避雷設備のある建築物内部に向かうほど雷電流の分流の影響は弱くなる（矢印が太いほど大きい電流を示す．）．そのため，外部からの引込口に相当するカテゴリⅣでは大きな雷電流を流すことができるSPDが必要とされ，所定の直撃雷分流を処理するとともに必要な耐インパルスカテゴリ以下に電圧制限する必要がある．この場合，表3.2.3に示す後段のカテゴリⅢを考慮して，電灯系で

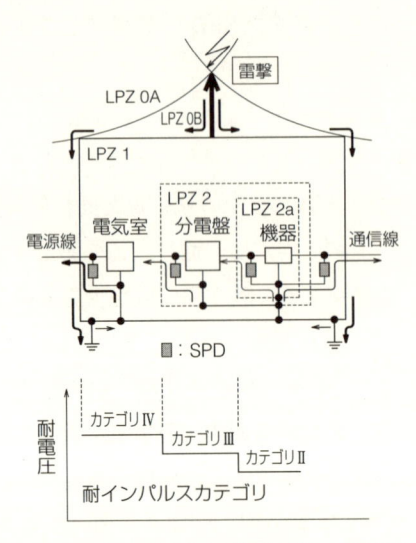

図3.2.23 雷電流の分流と雷保護領域・過電圧カテゴリ

表3.2.3 過電圧カテゴリとSPD試験クラス

公称電圧(V)	カテゴリIV	カテゴリIII	カテゴリII	カテゴリI
単3 120〜240	4.0 kV	2.5 kV	1.5 kV	0.8 kV
三相 230/440	6.5 kV	4.0 kV	2.5 kV	1.5 kV
SPD試験クラス	クラスI 又は クラスII	クラスII 又は クラスIII		

2500V以下，動力系で4000V以下が求められる．

　各フロアの分電盤については通常直撃雷の分流は小さくなる．分電盤位置では耐インパルスカテゴリIII，電気機器の入力部はカテゴリIIに該当するため，カテゴリIIIに取り付けるSPDの保護レベルは，カテゴリIIのインパルス耐電圧以下にする必要があり，分電盤に取り付けるSPDの保護レベル（U_p）は，電灯系で1500V以下，動力系で2500V以下が求められる．図3.2.24は雷電流による影響として大地電位上昇以外に電磁界の誘導による系統への影響を示す．誘導は雷電流通路に近いほど大きな電圧となるが，誘導のエネルギーはあまり

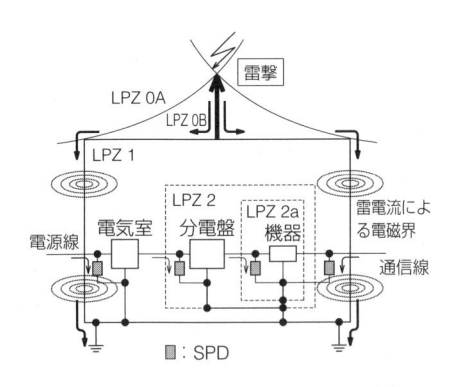

図 3.2.24　雷電流の電磁界による誘導

大きくない．前述のカテゴリに対応した SPD 設置を行っておけば機器の保護が可能である．このように SPD の設置をすることにより，当該建築物以外への落雷時の誘導による電源線側あるいは通信線側からの雷サージ侵入に対しても同様の効果を発揮する．

　以上のような SPD の設置により建築物内部に渡り，絶縁協調が達成されることによって，他の等電位ボンディング及び外部雷保護システムとあいまって，全体の雷防護システムが構築される．図 3.2.25 に避雷設備のある建築物設備への SPD 取付位置の例を示し，この場合の SPD 必要性能の例を表 3.2.4 に示す．

(3) 家電機器における対策

　高性能・多機能化を図るために使用される電子部品は非常に小形で，かつ省電力・低電圧で駆動されている．そのため，家電機器は雷サージのような過電圧に対して誤作動や破壊などを起こしやすくなっているといえる．

　また，多機能電話やモデムに代表されるように機器に電源と通信が共につながるようになり，雷サージの侵入口と出口が一体となり，その経路上の機器が雷被害にあいやすい．

　20 年ほど前は，テレビの被害が一番多かったが，約 10 年前になると電話機の被害がトップになり，最近はパソコン，ホームセキュリティなど，その時代に広く普及又は普及し始めた家電機器に被害が増えている．

102   3. 最新のSPS技術

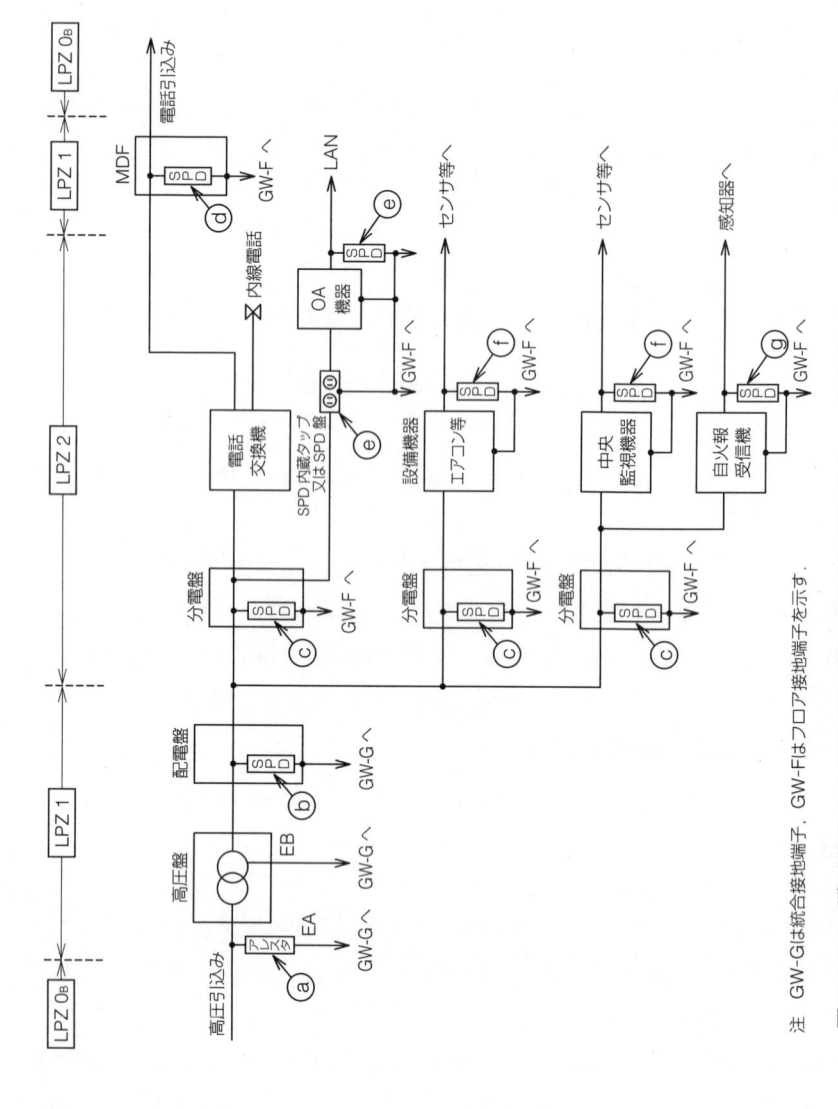

図 3.2.25 避雷設備のある建築物設備の概要と雷防護ゾーンを考慮したSPDの取付け位置の例

注 GW-Gは統合接地端子、GW-Fはフロア接地端子を示す。

3.2 建築物内部のSPSと具体的な設計方法

表 3.2.4 SPDの必要性能の例 （SPD記号は図3.2.25による）

雷防護ゾーン	SPDの取付け位置	詳細	取付け位置	雷保護性能例 注 電圧防護レベルは各過電圧カテゴリに従い設定する.	SPD記号
LPZ 0B → LPZ 1	電力線の引込口	高圧引込み線	電気室	酸化亜鉛形アレスタ 8.4 kV 2.5 kA 又は 5 kA	a
	通信用外線の引込点	電話・通信・データ（メタル）引込線 TVアンテナ，監視カメラなど	MDFなど	5 kA (10/350 μs) （カテゴリ D1 通信用 SPD） 注 各系統の線数により除した値に低減可能	d
	系統外導電性部分の引込点	給水引込管，ガス引込管，排水管	—	確実にボンディングを行う． （絶縁処理の場合は SPDにてボンディング）	—
	単独接地極の等電位化	主接地端子盤のD(構造体)−B間，D−クリーン間，D−予備間など	主接地端子盤	I_{imp}：20 kA （クラスⅠ試験 SPD）	—
LPZ 1 → LPZ 2	屋上に設置する機器の保護	屋上部分に設置する電灯盤，動力盤 同 弱電機器信号線	電灯盤，動力盤，弱電機器	I_{imp}：20 kA （クラスⅠ試験 SPD） 5 kA (10/350 μs) カテゴリ D1 通信用 SPD 注 各系統の線数により除した値に低減可能 制限電圧は信号の種類により選定が必要	c （屋上用）
	変圧器二次側直下に設置し，低圧幹線系統を保護	分電盤に電力を供給する電源トランス	配電盤	I_{max}：20 kA （クラスⅡ試験 SPD） 注 屋上に配置される場合には I_{imp}：20 kA（クラスⅠ試験 SPD）が必要．	b
	分電盤・動力盤の主幹遮断器一次側に設置し，分岐回路を保護	分電盤，動力盤，共用盤 （最上階及び電源トランス設置階）	配電盤，分電盤	I_{max}：20 kA （クラスⅡ試験 SPD）	c
	防災センタ，中央監視室の主電源に設置し，重要設備を保護	防災センタ用分電盤	電灯盤，動力盤	I_{max}：20 kA （クラスⅡ試験 SPD）	c
	重要機器直近に設置し，機器単体を保護	重要機器電源	コンセント機器直近	SPD盤及び SPD付きタップ I_{max}：10 kA (8/20 μs) 以上 （クラスⅡ試験又はクラスⅢ試験 SPD）	e
		防災センタ等の電話・通信・CATVなどの信号線，特に最上階に設置した弱電機器信号線	機器直近機器内	I_{max}：5 kA (8/20 μs) カテゴリCクラスの通信用 SPD 注 制限電圧は信号の種類により選定が必要	f, g

(a) 雷サージ侵入経路 家電機器等といえども雷サージの侵入経路は他の機器と同じであり，次に述べるように4方向とこれらの複合経路を合わせた計5通りの経路が考えられる．

① 低圧配電線からの雷サージ侵入（図3.2.26）
② 通信，計測，制御線からの雷サージ侵入
③ 避雷針，アンテナからの雷サージ侵入
④ 接地からの雷サージ侵入

これらの経路から侵入する雷サージが機器内部を通過しないで接地に流れ，あるいは他の経路に流し去ることにより当該機器を保護することができる．

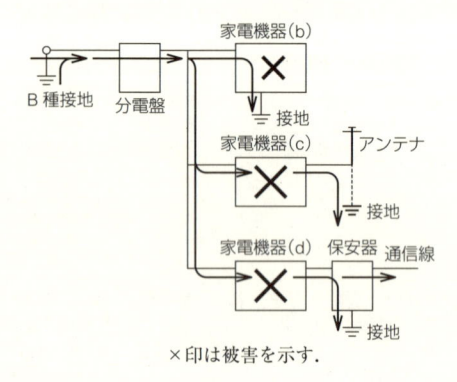

図3.2.26 低圧配電線からの雷サージ侵入の例

(b) 雷サージ対策

(i) AC電源のみに接続され，筐体が非接地になっている機器 AC電源のみに接続された家電機器では，AC電源線間に発生する雷の過電圧による実被害がほとんど見られないことから，個別に雷サージ対策をする緊急性はない．現在の家電機器は線間に雷サージ対策がされていることもあり，電源線から侵入する雷サージが通過する分電盤にSPDを設置するだけで十分である．

(ii) AC電源に接続され，筐体が接地されている機器（図3.2.27） AC電源に接続され筐体が接地されている家電機器は（i）の家電機器と比べ，雷被害が極めて多くなる．これは雷サージの侵入経路が機器を介しているためで，経路上

の機器の電流耐量・耐電圧が十分でなければ,機器の誤作動や破壊に至る.

この雷サージ対策として,雷サージ電流をバイパスする回路を形成する必要がある.電源線から侵入する雷サージ電流はSPDの接地を通じて大地に,接地から侵入する雷サージ電流は電源線を通じて,分電盤内に設置したSPDの接地もしくはB種接地(柱上トランス)を通じて大地に逃がすことになる.

(iii) AC電源に接続され,かつアンテナをもつ機器(図3.2.28) 雷サージ対策は電源線-アンテナ間にSPDを設置して,雷サージ電流をバイパスする回路を形成する.

電源線から侵入する雷サージ電流に対して,サージをSPDの接地を通じて大地にあるいはアンテナ線側に逃がす.また,アンテナ線から侵入する雷サージ電流に対しては大地あるいは電源線を通じて大地に逃がすことになる.

(iv) AC電源と通信線に接続されている機器(図3.2.29) 雷サージ対策は電源線-通信線にSPDを設置して,雷サージ電流をバイパスする回路を形成し,前項(iii)と同様の動作をする.

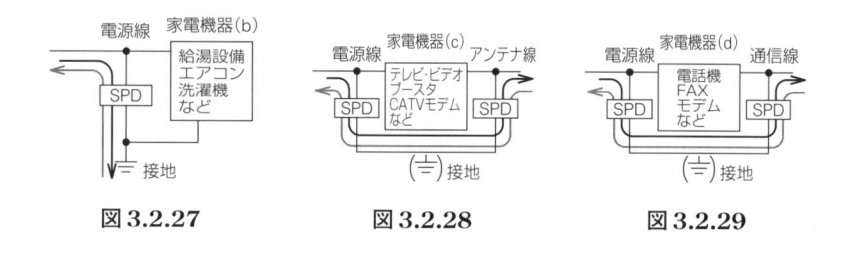

図3.2.27

図3.2.28

図3.2.29

参 考 文 献

1) (社)電気設備学会編 (1999):雷と高度情報化社会,(社)電気設備学会
2) 高度情報社会の雷害問題調査専門委員会 (2002):高度情報社会の雷害の実情と研究課題,電気学会技術報告,第902号
3) (社)電子情報通信学会編,木島均 (1997):接地と雷防護,コロナ社
4) (社)電気設備学会編(1992):建築物等の避雷設備ガイドブック,(社)電気設備学会
5) 藤岡信照,広田慎一郎,加藤邦紘,濃沼健夫 (1981):宅内及び局内装置の雷防護,研究実用化報告,Vol.30, No.5

6) 羽鳥光俊編（1988）：ローカル給電された宅内通信機器の雷防護に関する研究調査報告書
7) 通信機器の雷害対策，NTT BUSINESS，1993年11月号
8) 木島均，沼田哲宏，在間正裕（1997）：センタビル新接地構成法の実現，NTT技術ジャーナル，Vol.9，No.3
9) 向笠和夫，上池敬一，愛宕清，東濃勇，藤岡信照，清谷幸雄（1981）：無線中継所の雷害対策，研実報，Vol.30，No.5
10) ITU/SG 5 (1996)：Report of the Meeting (Geneva, 15-19 January 1996), Com 5-R9

4. SPDの選定方法

この章では，主にJIS C 5381-12，-22及び関連する事項について記述する．

4.1 SPDの一般的な事項

低圧配電システムに使用するSPDの種類・構成・分類・デバイスの特徴，SPDのクラスとその設置場所，エネルギー協調，SPDの制限電圧等は，JIS C 5381-1，-12に，通信・信号回線用はC 5381-21，-22に規定している．

4.1.1 低圧配電システム用SPD

低圧配電システムに使用するSPDは，JIS C 5381-1に5項目の性能について各種の標準定格値を規定している．

(1) 低圧配電システムのSPSに使用するSPDの種類

交流100V，200V，400Vの電源・配電系に使用する代表的なSPDの規格値を表4.1.1に示す．

(2) 100V系統，200V系統及び400V系統のSPDの性能例

一般的に使用されているクラスⅠ試験及びクラスⅡ試験対応の代表的なSPDの規格値を表4.1.2に示す．各性能の規格値は，使用場所に応じたそれぞれの規格値を選ぶ．

4.1.2 通信・信号回線用SPD

通信・信号回線に使用するSPDはJIS C 5381-21に各種の試験方法を規定しており，また，-22に選定及び適用基準について規定している．

SPDは，保護するITE（情報通信装置）とSPD又は同じラインに複数の

4. SPDの選定方法

表4.1.1 SPDの規格値

SPDの形式	インパルス電流 I_{imp}^* I_{peak} (kA)	公称放電電流 8/20 I_{n} (kA)	開回路電圧 コンビネーション U_{oc} (kV)	最大連続使用電圧 50/60 Hz U_{c} (V)	電圧防護レベル 1.2/50 U_{p} (kV)
クラスI	5, 10, 12.5, 20, 25	5, 10, 20	—	110, 130, 230, 240, 420, 440	4.0, 2.5
クラスII	—	1, 2, 5, 10, 20	—		2.5, 1.5
クラスIII	—	—	2, 4, 10, 20		1.5

注* 直撃雷を想定した試験波形を表し，一般的には 10/350 が使用される（規格には波形の規定はないが，通常 10/350 を用いている．I_{peak} の電流値で，12.5 kA 及び 25 kA が追加される予定である）．
備考　クラスI試験に対応したSPDをタイプIということがある．

表4.1.2 日本で使用されているSPDの代表的な仕様

性能項目		規格値				
最大連続使用電圧 (V)：U_{c}		52	110	220		440
電圧防護レベル (kV)：U_{p}		0.8	1.5	2.5	4.0	6.0
公称放電電流 (kA)：I_{n}		1	3	5	10	20
電流波高値 (kA)：I_{peak}	直撃用	1	3	5	10	20
	誘導用	0.1	0.5	1	3	5	10	20

　SPDが設置されている場合には，これらのSPDについて適切な動作及び耐量の協調が達成されていなければならない．この協調は，前段にあるSPDの電圧防護レベル U_{p} 及び以下に述べるレットスルー電流 I_{p} が後段のITE又はSPDの耐力を超えないことが重要である．
　この適切な協調を達成するために，次の値を再検討することの必要性をJIS C 5381-22では説明している．

　・侵入するサージの波形（インパルス又は交流）
　・装置が損傷することなく受けられる過電圧／過電流に対する能力（耐力）
　・設置，例えばSPD間及びITEとSPDとの間の距離など

・SPDの電圧制限レベル及び応答時間

以下に，通信・信号回線に接続するSPD選定について記述する．

（1）通信・信号回線のSPSに使用するSPDの種類

通信・信号回線のSPSに使用するSPDは，伝送特性や信号電圧など信号種別による分類と侵入する雷サージに対する耐力，配線心線数及び設置環境などへ対応するため種類は非常に多い．これらのSPDは，製造業者のカタログや仕様書等から経済性も考慮して適切なSPDを選定する．

これらのSPDを適切に選定するためには，表4.1.3に示す点を最初に考慮しなければならない．

表4.1.3　考慮すべき項目及び条件

	検討項目	条　件
1	適用回線	通信・データ回線また公衆回線の場合は法令や通信事業者の要求条件等並びに最大連続使用電圧の条件
2	侵入する雷サージの波形	波形，最大電流，頻度などの電流耐量条件
3	設置環境	屋外か屋内か：環境条件に対する所要性能 通常：屋外で使用する場合でも，筐体等に収容することが通常であり，この場合は屋内と考えてよい．
4	防護するラインの数	これにより設置するSPDの数量，形式が決まる．
5	設置場所の選定	接地点に近い場所が望ましく，雷防護特性上はできる限り防護する機器に近い方がよいが，機器や下流にあるSPDとの動作協調また振動現象等を考慮しなければならない．詳細は4.2.1項に示す．
6	その他	取付け方法（DINレール，ねじ固定等） 特殊な条件があるか

（2）通信・信号用SPDの性能

通信・信号用SPDの性能は，前項に記したように多くの種類があり，詳細の性能については各製造業者のカタログ等を調査する必要があるが，代表的なものについて表4.1.4に示す．

表4.1.4　通信・信号用SPDの特性例

定格電圧 U_N	5 V_{DC}	12 V_{DC}	24 V_{DC}	48 V_{DC}	60 V_{DC}
最大連続使用電圧 U_c	7 V_{DC}	15 V_{DC}	28 V_{DC}	52 V_{DC}	64 V_{DC}
許容回路電流 I_N	\multicolumn{5}{c	}{1 A}
公称放電電流 I_n (8/20 μs)	\multicolumn{5}{c	}{10 kA}
電圧防護レベル U_p	<12 V	<36 V	<72 V	<144 V	<180 V
絶縁抵抗 $IR(a-b)$*	≧5kΩ/5V_{DC}	≧3MΩ/12V_{DC}	≧6MΩ/24V_{DC}	≧10MΩ/48V_{DC}	≧12MΩ/60V_{DC}
$IR(a/b-\mathrm{PG})$*	\multicolumn{5}{c	}{>1 GΩ/100 V}

注* a, b は，ライン導体(線導体)を示す．したがって，$IR(a-b)$ はライン導体間の絶縁抵抗，
　　$IR(a/b-\mathrm{PG})$ は，a 又は b ライン導体と接地間の絶縁抵抗を示す．

4.2　SPDの特徴・特性パラメータとその選定方法と設置方法

4.2.1　低圧配電システムのSPSに使用するSPD

SPDの代表的な特徴及び留意しなければならない特性について次に示す．

（1）SPDの制限電圧（ガス入り放電管，MOV）

SPDの制限電圧とは，SPDの放電中に過電圧が制限されて，両端子間に残留するインパルス電圧（図4.2.1のE_s）であって，放電電流の波高値及び波形

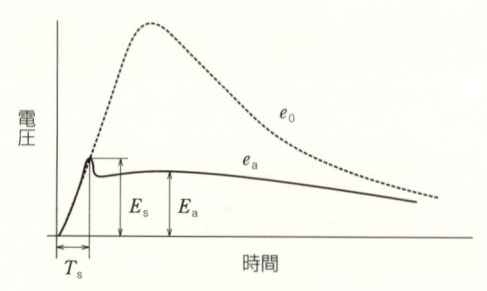

T_s：インパルス放電開始までの時間
E_s：インパルス放電開始電圧
E_a：制限電圧波高値
e_a：制限電圧（図に示す a 点以降）
e_0：原電圧（SPDが放電しない場合の端子間電圧）

図4.2.1　制　限　電　圧

によって定まる．ガス入り放電管の場合 U_p を選定する電圧は，E_s の値を考慮しなければならない．制限電圧の規定値は波高値（図の E_a）で表示する．

備考　e_a は波形全体を示し，E_a はその最大値を示す．

(2) SPDの続流（エアギャップ，ガス入り放電管の続流）

電圧スイッチング形SPDは雷サージにより一度放電動作すると端子間電圧が数十ボルトの定電圧特性となるので，SPDに常時電圧が印加されていると，SPDの再点弧電圧が低くなり，SPDに電流が流れ続ける．この現象を続流といっている．

電源が直流の場合は，電源電圧がエアギャップ，ガス入り放電管のアーク電圧より高く，またアーク維持電流より大きな電流が流れる場合には放電が継続する．電源が交流の場合は，雷サージで放電したときの半波は直流の場合と同じ現象であるのでこの間続流が発生する．交流では電圧，電流が0となる部分があるので，その点付近でいったん放電は停止する．その後，次の半波の電圧が上昇していくとき，エアギャップ，ガス入り放電管の絶縁が十分回復していれば続流は遮断できるが，前の半波の放電電流が大きく，電極が加熱され，また電極間隙（ギャップ）中に大量のイオンが残留していると，再度放電が発生し（再点弧），続流が継続してしまう．最近のクラスⅠ試験対応品では，ガス入り放電管を直列に多数接続してアーク電圧を高くしたり，エアギャップの放電路を極端に長くしたり，ガスの発生によりアーク電圧を高くして続流，再点弧しないものを使用している．

(3) SPDのエネルギー協調

SPDのインパルス防護レベルは，被保護機器のインパルス耐電圧及びシステムにおける絶縁協調による要求を満たさなければならない．さらに複数個のSPDが設置されている場合は，SPD間のエネルギー協調が必要となる．

このときSPDの種類と特性，SPD間の配線長又は追加の減結合素子，侵入する雷サージの特性などから検討することが必要になる．SPDのエネルギー協調について，4.3節に詳細を記述する．

(4) 低圧配電システムのSPS用SPDの選定方法及び設置方法

4. SPDの選定方法

SPDの選定は，図4.2.2に示す手順で行う．

選定手順に従って，選定条件についての詳細を示す．

(a) SPDの設置位置 JIS C 60364-5-53の534.2.1では"主分電盤内に設置しなければならない"と規定している．LPZに応じたSPDを選定する．

(b) 電圧防護レベル（U_p）の選定 JIS C 60364-5-53の534.2.3.1では，"SPDの保護レベルU_pはJIS C 60364-4-44の表44Bの耐インパルスカテゴリⅡによって選定されなければならない"と規定している．一方，機器の必要な定格インパルス耐電圧は，JIS C 60364-4-44の表44Bでは，負荷機器は耐インパルスカテゴリⅡと規定しており，必要なインパルス耐電圧は1.5kVである．

配電盤は耐インパルスカテゴリⅣとなり，必要なインパルス耐電圧は4kVとなる．SPDの保護レベル（U_p）は，上記の値以下にすることが必要である．

(c) 最大連続使用電圧（U_c）の選定 JIS C 60364-5-53の534.2.3.2では，"SPDの最大連続使用電圧U_cは表53Bに示す値と同等以上でなければならない"と規定している．

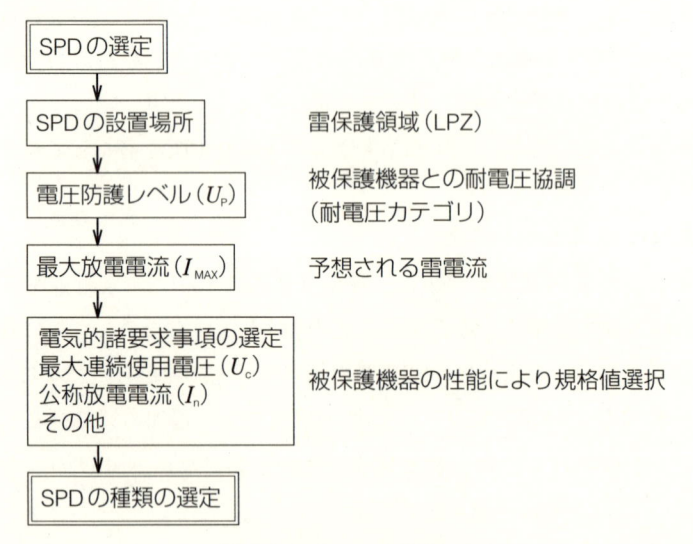

```
┌─────────────────┐
│   SPDの選定     │
└────────┬────────┘
         ▼
┌─────────────────┐
│  SPDの設置場所  │      雷保護領域（LPZ）
└────────┬────────┘
         ▼
┌─────────────────┐      被保護機器との耐電圧協調
│電圧防護レベル($U_p$)│   （耐電圧カテゴリ）
└────────┬────────┘
         ▼
┌─────────────────┐
│最大放電電流($I_{MAX}$)│   予想される雷電流
└────────┬────────┘
         ▼
┌─────────────────┐
│電気的諸要求事項の選定│
│最大連続使用電圧($U_c$)│   被保護機器の性能により規格値選択
│公称放電電流($I_n$)  │
│その他            │
└────────┬────────┘
         ▼
┌─────────────────┐
│ SPDの種類の選定 │
└─────────────────┘
```

図4.2.2 SPDの選定手順

4.2 SPDの特徴・特性パラメータとその選定・設置方法

日本における配電系統はTT方式であり，使用電圧は100V，200V系が主に使用されている．JIS C 60364-5-53の表53Bでは，L-N間及びL-PE間は，1.1 U_o と規定しているが一時的過電圧（TOV）を考慮して，最大連続使用電圧 U_c を選定することが望ましい．設置例については4.2.1項(6.3)に詳細を示す．

(d) 一時的過電圧（TOV）による選定 電力線の配電方式に触れなければならない．日本は，一点直接接地し，設備の露出導電性部分を系統接地の接地極と電気的に独立した接地極へ接続するいわゆる，TT方式の中の特殊な方式である．

一方，JIS C 5381-1では，附属書B（規定）の表B.1でTOV値を規定しているが，"中性点接地の単相3線系統，及び三相4線系統（共通的に用いている北アメリカ設備系統）でのSPDのTOV値は除く"としているだけで，日本の電気設備基準との整合性が不十分なままであるので，日本のTT方式に関しての規定はしていない．また，このJIS C 5381-1では，3.18に"TOV特性の定義"，"電気的所要性能"に関しては，6.5"安全所要性能"の中の6.5.5に，7.の"形式試験"の7.7"SPD分離機及び過度の負荷を加えたSPDの安全性能"の7.7.4に"TOV故障試験"，7.7.6に"TOV特性試験"を規定しているが，日本の国内システムに即した規定はしていない．これらの事項に関しては，JIS C 5381-1の解説の懸案事項6.3"TOV値（附属書B）"にも記述している．

したがって，当面は以下に述べるように，日本の国内システムに即したTOV値を設計に使用する．JIS C 60364-5-53の534.2.3.3では，"SPDは一時的過電圧（JIS C 60364-4-44参照）に安全に耐えることが期待されている"と規定している．

JIS C 60364-4-44（IEC 60364-4-44）の442.1.3に，ストレス電圧として高圧系統の地絡事故に起因する使用者設備の低圧機器に加わる商用周波ストレス電圧を次のように記している．

U_o + 250V：消弧リアクトル接地のように長い遮断時間をもつ系統

U_o + 1 200V：直接接地のように短い遮断時間をもつ系統

なお，日本の電気設備基準では，B種接地の接地抵抗は"高圧電路が1秒以

内で遮断できる場合は，高圧電路の一線地絡電流で600Vを割った値"としているので，B種接地の電位上昇限度を600Vとしている．そのため，一時的過電圧（TOV）は，600Vに充電相の対地電圧100Vをプラスした700Vとなる〔第3章の参考文献1）付録2 "低圧回路に発生する異常電圧"を参照〕．

この値は実効値なので，波高値では約1000Vとなる．SPDの特性は，この1000Vでは不動作で，8/20μsのサージ電流波形で5kAのサージ電流を流した場合に，保護レベル（U_p）は1500V以下に制限しなければならないため，SPDの性能としてはかなり厳しいものである．

(e) 公称放電電流（I_n）による選定 JIS C 60364-5-53の534.2.3.4では，"SPDを必要とするならば，その公称放電電流（I_n）は保護の各モードに対して5kA（8/20μs）以上でなければならない"と規定しているが，JIS C 5381-12では，JIS C 60364-5-53の534.2.3.4のように一定電流の規定はなく，クラス別に対応するSPDのI_nが選べる．

このI_nを選定する目安としては，保護対象物に頻繁に侵入する雷サージ電流値を選定する．配電線に侵入すると想定されるI_n及びI_{imp}を表4.2.1に示す．

表4.2.1 想定される雷サージ電流値

系統	合計電流値	
	公称放電電流（I_n）	インパルス電流（I_{imp}）
三相4線	20 kA	50 kA
三相3線	15 kA	37.5 kA
単相3線	15 kA	37.5 kA
単相2線	10 kA	25 kA

(f) SPD間の協調 JIS C 5381-12の6.2.6で被保護機器に使用しているSPDとの協調を要求している．配電盤に使用するSPD1のサージ動作電圧と，被保護機器に使用しているSPD2のサージ動作電圧，サージ電流耐量，印加電圧波形（立上り峻度）が決まると両者間の必要な"L"分が決まる．配線による"L"分を1μH/mとして，不足がある場合は，配線の余長を丸めるなどして

4.2 SPDの特徴・特性パラメータとその選定・設置方法

"L"分を増強して協調を取るようにすればよい．配電盤内のSPDと下流のSPD間の配線長が10m程度あれば，減結合素子（直列に挿入するコイル）がなくても協調が取れる．SPDの協調に関する詳細は，4.3節に記述する．

（5）低圧配電システムに使用するSPDの設置例

一般的な建築物の代表的なSPDの設置例を図4.2.3及び図4.2.4に示す．

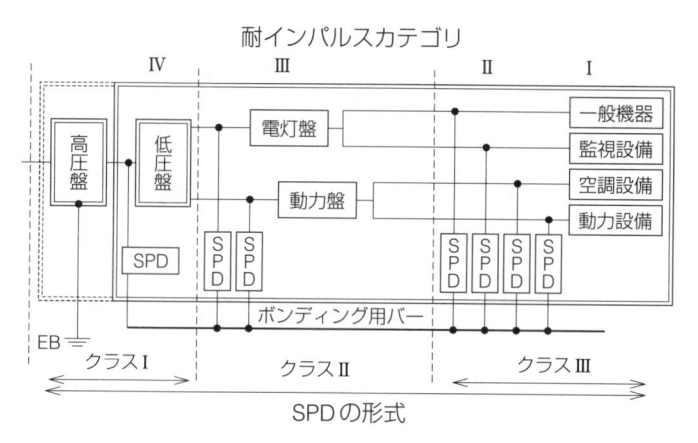

図4.2.3 電灯盤及び動力盤から直接配電している場合

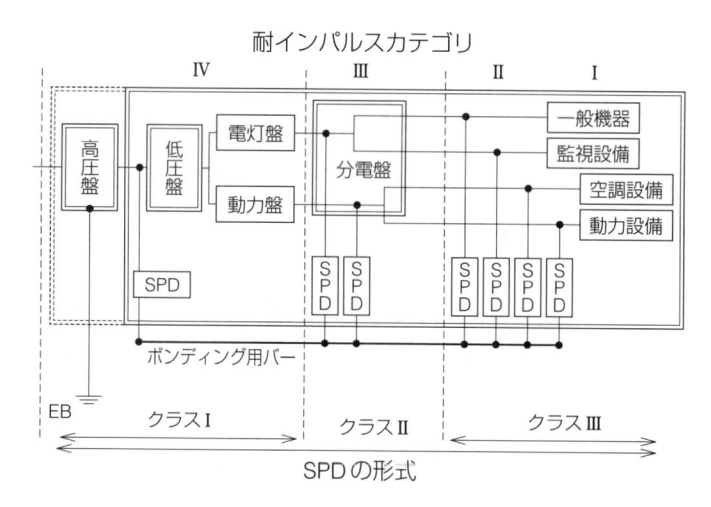

図4.2.4 分電盤経由で配電している場合

(6) 低圧配電システムに使用するSPS用のSPDの設置場所

低圧配電システムのSPS用のSPDは，直撃雷対応及び誘導雷対応のSPDに分類できる．クラスⅠ試験に適合したSPDは，一般に直撃雷が配電線に分流した場合の雷インパルスによる被害を防止するもので，LPSのある建築物において，建築物又は設備の引込口付近に設置する．

クラスⅡ試験又はクラスⅢ試験に適合したSPDは，配電線内に誘導された雷インパルスによる被害を防止するものである．建築物又は設備の引込口付近にはクラスⅡ試験対応，設備又は機器の近くにはクラスⅡ試験又はクラスⅢ試験対応のSPDを設置する．

(6.1) 代表的なSPDの特性　SPDの設置場所による代表的なSPDの設置場所と性能例を表4.2.2に示す．

表4.2.2　SPDの設置場所と性能例

性能項目		LPZ 0/1	LPZ 1/2	LPZ 2/3
最大連続使用電圧 (V)		220/110	220/110	220/110
電圧防護レベル (kV)		4.0	2.5	1.5
電流波高値 (kA)	直撃用	20	10	5
	誘導用	20	10	5

(6.2) SPDの設置場所　SPDの種類及び設置場所について表4.2.3に示す．

表4.2.3　SPDの種類と設置場所

SPDの設置場所		LPZ 0/1	LPZ 1/2	LPZ 2/3
電源回線	直撃用	クラスⅠ試験	—	—
	誘導用	クラスⅠ試験	クラスⅡ試験又はクラスⅢ試験	クラスⅡ試験又はクラスⅢ試験

(6.3) SPDの設置及び配線方法　雷サージ抑制のためにSPDが要求される場合には，SPDは設備の引込口近傍又は建物の引込口に近接した場所に設置すること．

4.2 SPDの特徴・特性パラメータとその選定・設置方法

(a) 設置場所

① 中性線が設備引込口（又は近傍）でPE導体に接続されている場合，又は中性線がない場合はSPDを線導体と主接地端子間，又は線導体と主保護導体（PE導体）間のいずれか近い方に設ける．

② 中性線が設備引込口（又は近傍）でPE導体に接続されていない場合は次による．

・SPDを線導体と主接地端子又は保護導体間，及び中性線と主接地端子又は主保護導体間のいずれか近い方に設ける（図3.2.3参照）．

・SPDを線導体と中性線間及び中性線と主接地端子又は保護導体間のいずれか短い方に設ける（図3.2.4参照）．

・線導体が接地されている場合，中性線に相当するとみなす．

・線導体間の追加の保護を実施してもよい．

TT及びTNシステムへのSPDの設置について表4.2.4に示す．

表4.2.4 TT及びTN-SシステムへのSPDの設置

接続点間	TTシステム CT1	TTシステム CT2	TN-Sシステム
L−N（線導体−中性線）	△	○	○
L−PE（線導体−PE導体）	○	—	○
N−PE（中性線−PE導体）	○	○	○
L−L（線導体−線導体）	△	△	○

備考　○：適用　　△：適用してもよい　　—：適用不可

被保護機器とSPDとの距離が非常に大きい場合，振動現象により一般にU_pの2倍以内の高い電圧，ある環境下では2倍以上の電圧が機器の端子間に発生し，この電圧で被保護機器が破損することがある．

許容可能な距離（防護距離と呼ぶ．）は，被保護機器に加わるサージ波形，波頭峻度及び配線導体の長さ並びに負荷に依存する．一般的には，10 m未満の距離では振動現象を無視することができる．

被保護機器が引込口に設置したSPDの防護距離内でない場合，必要ならば

118   4. SPDの選定方法

被保護機器に最接近させて別のSPDを設置することが必要になる.

(b) 配線方法　最適な過電圧防護を実施するため, 図4.2.5に示すSPDのすべての接続導体はできるだけ短くすること (全長で0.5m以下にすることが必要である.). 0.5m以下にできない場合には, 図4.2.6の配置が望ましい. これは, SPDの接続導体の長さが増加することにより, 過電圧防護の効果を減少させないためである. 接続導体とは, 線導体からSPDまでの導体 (導体の長さ: a) 及びSPDから主接地端子又は接地母線までの導体 (導体の長さ: b) である.

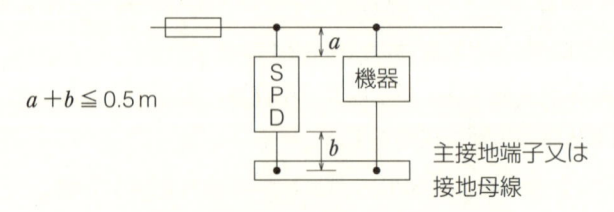

図4.2.5　接続導体の接続方法 (1)

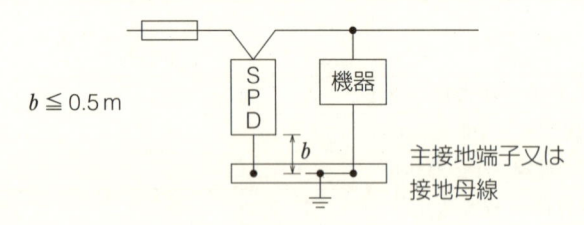

図4.2.6　接続導体の接続方法 (2)

(c) 配線材料　設備の引込口又は近傍におけるSPDの接地導体は, 断面積が4mm^{2}以上の銅線であること. 避雷設備がある場合には, SPDの接地導体は断面積が10mm^{2}以上の銅線又はそれと同等のものを使用する.

(6.4) SPDの選定例　日本のTTシステムでのSPDの選定例を次に示す.

(a) 単相3線 (二相3線) 100/200V回路の場合　この回路では, 通常 L_1 又は L_2 とN相間では, $U_c \geqq 110V > U_{cs} = 100V$ である. しかし, 中性線が断線して欠相した場合, 負荷のインピーダンスによって分圧された電圧が, L_1 又

はL₂とN相間に生じ,最悪の場合約200VがL₁とN相間又はL₂とN相間に生じる危険性がある.したがって,$U_c \geq 230\,V > U_{cs} = 200\,V$とするSPDを選定する方が安全設計である.L₁とL₂間では,$U_c \geq 230\,V > U_{cs} = 200\,V$とするSPDを選定する.つまり,単相3線(二相3線)の100/200Vの場合,L₁又はL₂とN相間,L₁又はL₂とPE間及びL₁とL₂間すべて,$U_c \geq 230\,V > U_{cs} = 200\,V$とするSPDを選定する.

JISは原則として$I_n = 5\,kA$となっているが,市街地における一般住宅では,$I_{max} \leq 5\,kA$ (8/20)であり,$I_n = 2 \sim 3\,kA$ (8/20)のSPD(クラスⅡ)を選定する.防護レベルは,過電圧カテゴリⅡを考慮して,$U_p \leq 1.5\,kV$とする.わが国では,この単相3線式回路専用の一体形SPDが用意されていることが多い.

(b) 三相4線230/400Vの場合 TTシステムの場合,線導体と中性線間のU_cは,$1.45\,U_0$以上とすることが必要であるので,$U_c \geq 335\,V$となり,線導体とPEとの間では$\sqrt{3}$倍のため,$U_c \geq 400\,V$となる.なお,中性線とPE間はU_0でよいため,$U_c \geq 230\,V$となる.

電源引込口に施設するSPDの場合,高被雷場所ではクラスⅠ試験,その他の場合はクラスⅡ試験又はⅢ試験となる.クラスⅠ試験の場合には,1線導体当たり$I_{imp} = 5 \sim 13\,kA$ (10/350),クラスⅡ試験又はⅢ試験の場合には,$I_n = 1 \sim 5\,kA$ (8/20)のSPDを選定する.防護レベルは,過電圧カテゴリⅡの$U_p \leq 2.5\,kV$とする.

(c) 三相3線220Vの場合 この場合,中性線がないため$U_c \geq \sqrt{3}\,U_0$となり,$U_c \geq 380\,V$となる.その他は(b)と同じである.以上をまとめた内容を表4.2.5に示す.

(7) 従来のSPDの選定方法と設置方法

従来の基本的な雷対策方式には,次に示す二つの方式が一般的に用いられ,設備及び機器の雷対策が行われてきた.

(a) 放流方式(SPD使用) 図4.2.7に示すように被保護機器の信号・制御回線及び電源線にSPDを設置する.侵入した雷サージにより被保護機器の耐電圧が破壊される前に,SPDが動作して大地に雷サージ電流を放流して機器

表 4.2.5 TT 方式での SPD の特性選定例

配線方式		U_c		I_n	U_p
単相3線		≥ 230 V		2～3 kA	≤ 1.5 kV
三相3線		≥ 380 V	高被雷場所	5～15 kA	
			低被雷場所	1～5 kA	
三相4線	L – N	≥ 335 V	高被雷場所	5～15 kA	≤ 2.5 kV
	L – PE	≥ 400 V			
	N – PE	≥ 230 V	低被雷場所	1～5 kA	

を保護する．この方式の主な特徴は，機器の回線状況に応じた SPD が準備されており，小型で比較的安価な SPD を使用した雷対策が実施できることである．この方式の SPD が一般的に，電源の分電盤内及び機器の電源部に使用されている．電気的な特性としては，最大雷サージ電流耐量が 8/20 のサージ電流波形で 20 kA 程度のものがほとんどである．

(b) 絶縁方式（耐雷トランス使用） 図 4.2.8 に示すように，耐雷トランスの一次側，二次側の耐電圧により，外部からの電源線と機器を絶縁して，被保護機器への雷サージの侵入を防止する方法で，最も信頼のおける雷対策方法である．この方式の特徴は，雷サージ電流を遮断し，サージ電圧の移行率も 1/1 000 以下に抑えられるため，保護性能は SPD より長寿命で高性能である．しかし，放流方式の SPD に比べ大型になり，価格的にも高価である．従来は，主に重要な機器の主電源に使用されてきた．

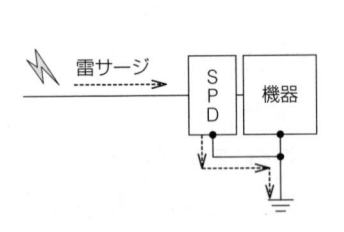

図 4.2.7 放流タイプの雷対策 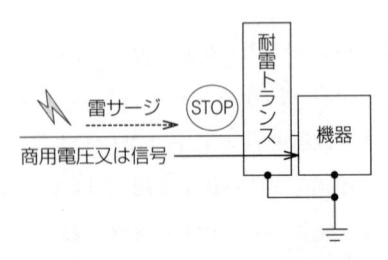   図 4.2.8 絶縁タイプの雷対策

4.2 SPDの特徴・特性パラメータとその選定・設置方法

(c) SPDの設置場所及び回路構成例 設備及び機器の電源，分電盤にはガス入り放電管と酸化亜鉛バリスタ（MOV）で構成されるSPDが使用され，図4.2.9の(a)及び(b)に示すように設置する．SPDの設置方法は，適切な設置方法を選択する．

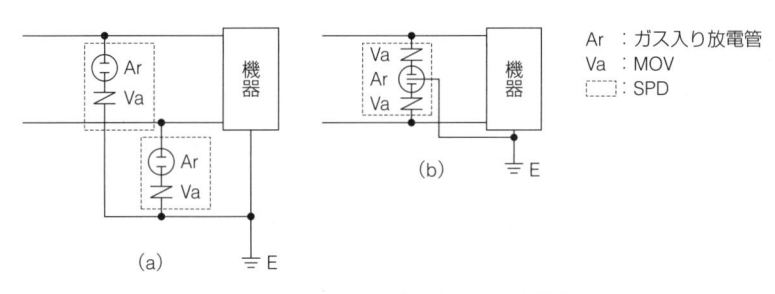

図4.2.9 SPDの設置場所及び回路構成例

(d) 耐雷トランスの設置場所及び回路構成例 耐雷トランスは，機器収容タイプ及びキャビネットタイプがあるが，回路構成は図4.2.10に示すとおりである．使用電圧種別により，単相100V用又は200V用，三相200Vの必要電流容量に合った耐雷トランスを選択して設置する．図4.2.11に機器の電源回線及び通信・信号回線に耐雷トランスを使用して雷対策を行う場合の基本的な耐雷トランスの設置例を示す．電源回線及び通信・信号回線に耐雷トランスを使用して回線をすべて絶縁しているため，耐雷トランスの耐電圧以下の雷サージは全く機器に印加されない．

絶縁方式による典型的な雷対策であるが価格的に高価になるため，費用対効果から非常に重要な機器の対策に適用する以外，一般的には実施しない．

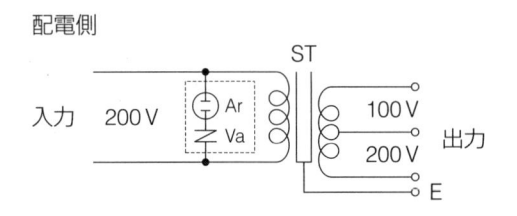

図4.2.10 耐雷トランスの回路例

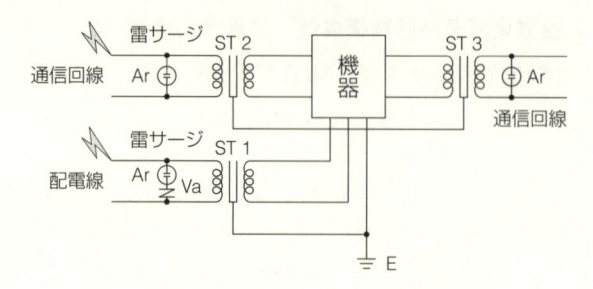

図 4.2.11 耐雷トランスによる雷対策例

従来は，SPD の標準的な規格及び JIS がなかったため，各使用者が作成した仕様にあった SPD を選定し，装置及び機器内の電源に SPD を設置した．

4.2.2 通信・信号回線の SPS 用 SPD の選定
(1) 過電圧と過電流の決定

図 4.2.12 に，JIS C 5381-21 に記された結合メカニズムを示す．この図では，設置した設備とともにサービス引込口及び雷防護システムを備えた標準的な建築物等を示す．詳細は，規格を参照していただきたいが，単一点での等電位ボンディング (d) を具体的に示して組み込んでいる．推奨するこの配置は，建物へのすべてのサービス引込部を一点単一の共通接地点（主等電位ボンディングバー）でボンディングしている．建物へのすべてのサービス引込口は，すべてのビルシステムを等電位環境とするために，この接地点に接続する．この配置内では，各フロア，設備室，更に可能なことには設備架でさえ，ケーブル引込口において共通接地基準点になっており，等電位環境を実現することができる．

表 4.2.6 に，過渡源と結合機構メカニズムとの関係を示す．電圧及び電流波形並びに試験カテゴリは，JIS C 5381-21 の表 3 から選択する．

通信及び信号システムを脅かすサージの主な発生源は，雷及び電力システムである．雷サージ侵入の形態手段は，直撃雷及び電力システムからの直接接触であり，両発生源からの容量性，誘導性及び電磁波放射性結合も同様に含む．これらの四つの結合機構メカニズムは，両方の発生源による大地電位上昇から

4.2 SPDの特徴・特性パラメータとその選定・設置方法　123

なるものを含む．防護手段は，保護するシステムと協調しなければならない．建築物内に防護手段が必要なところには，等電位ボンディング用バーを設置しなければならない．さらに重要な対策は，設備から建物の等電位ボンディング用バーまで，接合するすべての接続インピーダンスを最小限にすることである．

ケーブルに金属遮へいを用いていれば，ケーブルの長さに沿ってすべてのつなぎ目及び再生中継器（regenerator）等を接続し，連続させなければならない．それは更にケーブルの端末で等電位ボンディング，できれば直接又はSPDを介して接続しなければならない．別の対策は，サービス引込回線入口

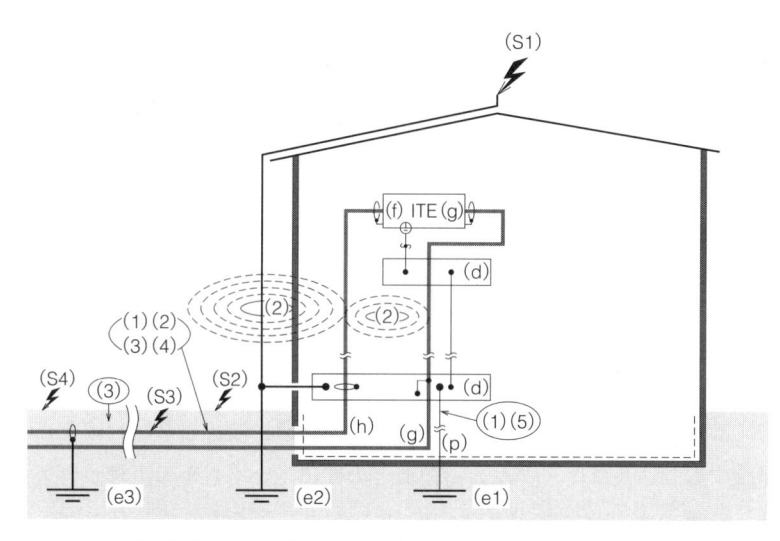

(d)	等電位ボンディングバー用バー（EBB）
(e1)	建築物の接地
(e2)	雷防護システムの接地
(e3)	ケーブル遮へいの接地
(f)	情報技術又は電気通信ポート
(g)	電源ポート
(h)	情報技術又は電気通信回線若しくはネットワーク
(p)	接地極
(S1)	建築物等への直撃雷
(S2)	建築物等への近傍雷
(S3)	電気通信又は電源線への直撃雷
(S4)	電気通信又は電源線への近傍雷
(1)…(5)	結合メカニズム機構

図 4.2.12　結合メカニズム　(JIS C 5381-22　図2)

表 4.2.6 結合メカニズム

過渡現象源	建築物等への直撃雷(S1)	建築物等近傍への大地雷撃(S2)	線路への直撃(S3)	線路近傍への大地雷撃(S4)[b]	電源への影響
結合	抵抗性(1)	誘導性(2)	誘導性[a](2)	抵抗性(1),(5)	誘導性(3)	抵抗性(4)
電圧波形(μs)	—	1.2/50	1.2/50	—	10/700	50/60 Hz
電流波形(μs)	10/350	8/20	8/20	10/350[d] (10/250)	5/300	—
推奨試験カテゴリ[c]	D1	C2	C2	D1, D2	B2	A2

注 (1)～(5)は図4.2.12参照.
a：電力供給ネットワーク付近ではスイッチングによる容量性又は誘導性の結合も適用する.
b：距離を離すことで顕著な電磁界の減少により遠方の雷撃による結合効果は無視できる場合がある.
c：JIS C 5381-21 の表3 参照.
d：直撃雷を模擬するインパルス試験のピーク電流値と総電荷量は IEC/TC 81 が規定している.これらのパラメータを満足する代表的な波形は二重指数関数インパルスで,この例として10/350がある.

に適切なSPDを用いて,過渡電圧及び過渡電流をシステムの耐量以下に低減することである.SPDは,できる限り構造物の共通回線の入口近く,例えば建築物又はキャビネットのすべてのサービス引込口に設置しなければならない.もし保護する設備及びケーブル入口領域との間に,いくらかの距離が要求される場合,設備のボンディング及びSPDボンディング導体のインピーダンスを最小限にするように特別の注意を払うことが必要である.

表4.2.6において,建築物等への直撃雷による誘導性,また近傍への大地雷撃による誘導性の雷サージ波形は,一般に他に設置してあるSPDの動作による残留サージを考慮し電流波形が8/20となり,遠方からの雷サージによって誘起する雷サージ電圧は10/700の電圧波形である.

よって,これらすべての雷サージ電圧・電流に対してSPDの所要性能とITEの耐力を総合的に検討しSPDを選定しなければならない.

(2) 通信・信号用SPDのエネルギー協調

(a) SPD と ITE との協調　電源用及び通信用 SPD を問わず，複数の SPD を同一ラインへ設置する場合がある．また SPD と ITE においても，過電圧条件下で協調を達成しなければならない．JIS C 5381-22 では以下のように規定している．

2段接続の SPD の協調は，次の判定基準を満たしている場合に達成することができる．

$U_p < U_{IN}$ 及び $I_p < I_{IN}$（図 4.2.13）

これらの協調条件が達成できない場合，測定によって決定される減結合回路によって，協調を実現することができる．

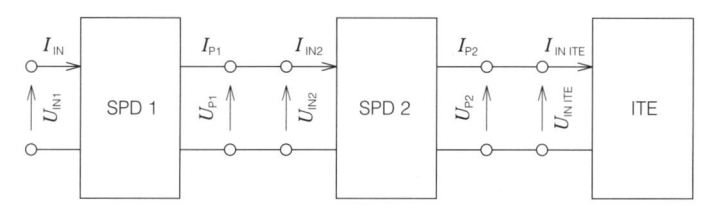

$U_{IN2}, U_{IN\ ITE}$　：耐力確認のために使用する試験機の開放回路電圧
$I_{IN2}, I_{IN\ ITE}$　：耐力確認のために使用する試験機の短絡回路電流
U_p　　　　　：電圧防護レベル
I_p　　　　　：レットスルー電流

図 4.2.13　2段の SPD の協調 (JIS C 5381-22　図9)

SPD は，少なくとも1個の非線形電圧制限デバイスを含んでいるため，防護する出力側の開放回路電圧が試験器から発生する（開放回路）過電圧をひずませる．このことから，ブラックボックス化した SPD の協調に関して一般的な記述ができない．製造業者の推奨する SPD の組合せを使用することが最も安全である．製造業者は，試験を実施することによって協調がどのように達成できるのか又はどのように決定できるのかを評価することができる．SPD と ITE とを協調させるために，ITE 製造業者の性能，情報及び／又は試験報告書を必要とする．SPD 間の協調に関する詳細は，4.3節を参照すること．

JIS C 5381-21 では，ブラインドスポットの試験を規定している．これは，複数ある SPD 又は SPD と ITE の協調において，大きなサージ電流では，前段

のSPDが確実に動作し，残留電圧を極端に低減するため後段にあるSPDやITEに影響を与えないが，小さなサージ電流（低いサージ電圧）の場合に前段のSPDが動作しないときに後段にあるSPD又はITEが影響を受ける場合がある．エネルギー協調と動作協調の両面から複数ある装置についての考察を実施しないと確実な雷防護システムは完成できない．

(b) SPDの設置に関する考察 SPD設置の際のSPDの配線に関して，リード線又は接続での配線電圧降下を最小限にとどめるようにしなければならない．

U_pで示す低い電圧防護レベルに加わる不適切な配線（結合，ループ，ケーブルインダクタンス）によって電圧制限過程に発生する余分な電圧上昇を避けるための基本的な対策は次のとおりである．

・SPDは装置にできる限り接近させる．
・SPDのX1とX2端子間（図4.2.14）の長いリード線を避け及び不必要な曲げを最小限にして，防護を提供する．図4.2.15の配置が最適である．サージに関する試験を行う場合にも配線に関する影響を考慮しなければ

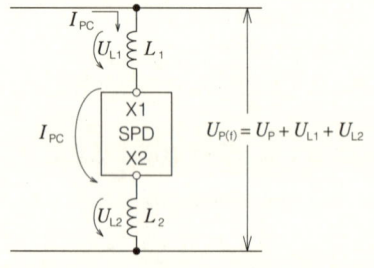

$$U_{P(f)} = U_P + U_{L1} + U_{L2}$$

L_1, L_2 ：リード線の導体インダクタンス
U_{L1}, U_{L2} ：全導体長又は単位長で決まるサージ電流I_{PC}のdi/dtによって誘起するインダクタンス"L"の端子間電圧．
X1, X2 ：SPDを接続する防護していない端子で，その端子間に制限素子（図3.2.7参照）を設置する．
I_{PC} ：部分雷電流
$U_{P(f)}$ ：防護する装置の入力ポート(f)における，電圧防護レベルU_p及び防護デバイスと保護する装置間を接続する導体に誘起する電圧の和（実効電圧防護レベル）．SPDが導通になる前はU_{L1}/U_{L2}は0であることに注意する．
U_p ：電圧防護レベル

図4.2.14 配線のインダクタンスによって発生する電圧防護レベルU_p上の電圧U_{L1}及びU_{L2}の影響 (JIS C 5381-22 図6)

4.2 SPDの特徴・特性パラメータとその選定・設置方法　　127

ならない．

(c) 3端子，5端子又は多端子SPD　有効な制限電圧を得るためには，防護デバイスとITEとの間の様々な条件を考慮したシステムの検討が必要である．
図4.2.16に示す設置条件以外に追加する対策としては，

・防護していないポート側の線と防護しているポート側の線を一緒に配線しない．

・接地導体(p)と防護しているポート側の線を一緒に配線しない．

・防護すべきITEとSPDの防護しているポート側の配線はできるだけ短くするか又は遮へいしなければならない．

(d) 建築物の内部のシステムに対する雷誘導過電圧の影響　雷誘導過電圧は建築物内に現れ，4.2.2項(1)に記述したメカニズムにより内部ネットワークと結合する．これらの過電圧は一般的に対地間であるが，線間に現れる場合がある．情報通信装置内の部品の破損や絶縁破壊は，これらの過電圧によって生じる．

その他の対策は次のとおりである．

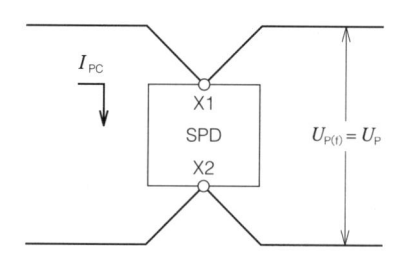

X1, X2 ： SPDを接続する防護していない端子で，その端子間に制限素子(図3.2.7参照)を設置する．
I_{PC} ： 部分雷電流
$U_{p(f)}$ ： 防護する装置の入力ポート(f)における，電圧防護レベルU_p及び防護デバイスと保護する装置間を接続する導体に誘起する電圧の和(実効電圧防護レベル)．SPDが導通になる前はU_{L1}/U_{L2}は0であることに注意する．
U_p ： 電圧防護レベル

図4.2.15　同一点への接続による電圧U_{L1}及びU_{L2}の除去
(JIS C 5381-22　図7)

- 対地間電圧を低減するためにSPDとITEとの間に等電位結合（q）
  （図4.2.16）
- 線間電圧を低減するために対より線を使用
- コモンモード電圧を低減するためにシールド線を使用
- 様々なループ構成の場合の計算根拠（IEC 62305-4の附属書B参照）

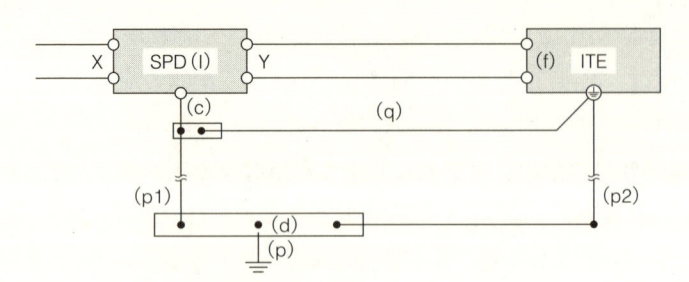

```
      X  SPD(I)  Y              (f) ITE
         (c)           (q)
        (p1)                      (p2)
              (d)
              (p)
```

- (c)　　　：SPD内のすべての対地間電圧制限サージ電圧素子が参照とするSPDの共通基準端子
- (d)　　　：等電位ボンディング用バー
- (f)　　　：情報技術又は通信ポート
- (I)　　　：SPD（JIS C 5381-21の表3）
- (p)　　　：接地導体
- (p1, p2)：接地導体（できるだけ短く）．遠隔給電されているITEの場合，(p2)は存在しない場合もある．
- (q)　　　：必要な接続（できるだけ短く）．
- X, Y　　：SPDのそれぞれ非防護及び防護に関連する位置にある制限素子間のSPD端子

図4.2.16　電圧防護レベルに対する妨害の影響を最小限にする情報通信装置ITE(e)の多端子SPDに必要な設置条件（JIS C 5381-22　図8）

(3) SPD選定のための考慮事項

(a) 適用する回線種類……必要な伝送特性の維持

例えば，ISDN回線の場合は，192 kbpsの伝送が可能でなければならない．また，給電は，60 V＋5％の局側からの給電を考慮し，39 mAの定電流給電が行われている．これらの諸条件とともに，伝送条件を満足するための設計による線路抵抗条件を確保する必要がある．SPDでの伝送損失は，0.1 dB程度は影響がない．

4.2 SPDの特徴・特性パラメータとその選定・設置方法

(b) 保護される機器の耐力……U_pの選定

 防護される機器の耐力は様々で，また機器の破壊電圧が明確になっているものはほとんどないといえる．最近では，ITU勧告やJIS C 61000-4-5等でコンビネーション波形を用いて試験を行っている場合が増加しているため，エネルギーの少ない電圧波形だけで規定し，エネルギーのある雷サージに耐えられない場合が多いので注意を要する．特に，防護される機器に，SPDを内蔵している場合，情報通信線に流れる信号電流が小さいため，機器の設計者は雷サージ電流を考慮しないまま設計することがあり，せっかくSPDを設置しても被害を受けることもある．この場合は，動作協調，エネルギー協調を考慮する必要がある．プリント配線基板における銅箔(はく)のサージ電流はおおむね次式によるサージ電流Iで破壊する．銅箔の導体断面積は，少なくとも必要なサージ電流の2～3倍の設計が必要である．銅箔のサージ電流における破壊は次式による．

$$S = (I \times T_t^{0.46}) / 2.3 \times 10^5$$

 ここに，S：銅箔の断面積（mm²）
　　　　I：サージ電流（A）
　　　　T_t：サージ波形の波尾長（μs）

(c) SPDの設置環境 SPD設置場所の考慮は，機器の引込口における残留電圧を考慮するとともに，使用可能なSPDの使用環境条件を決定する必要がある．

(d) 侵入する雷サージ電流……I_n，I_{max}，インパルス耐久性の選定

 設置する地域，近傍の環境条件により，侵入する雷サージ電流の規模，頻度が変化する．JIS C 5381-21には，いろいろなサージ波形を規定しているが，直撃雷サージが分流して侵入する可能性があるかどうか，またその頻度等を考慮して試験波形，定格を決定する必要がある．通常は，1.2/50（8/20），10/700（5/300）等のコンビネーション波形を用いた試験が一般的である．

(e) その他 その他考慮すべき事項は，電流制限型デバイスの必要性，AC耐久性の考慮，結線方法等であるが，これらは状況に応じて選定条件を決定する．また，電源用SPDと同一の筐体に入れたSPDについても同様に考慮する

必要がある．これらの考慮事項を念頭に置いて，(4)で述べるSPDの選定を適切に行うことで，合理的な雷防護システム（SPS）が達成可能となる．

(4) SPD選定のためのパラメータ

(a) 設置環境条件　設置環境条件を次に示す．

管理された環境条件

　温度範囲：$-5 \sim 40$ ℃

　湿度範囲：$10 \sim 80$ ％RH

　気圧範囲：$80 \sim 106$ kPa

管理された環境条件とは，建物又は他の基本設備施設の管理された環境内部の条件である．これは，極端な自然環境からは守られているが，自然に暖められたり冷やされたりする条件でもある．

管理されていない環境条件

　温度範囲：$-40 \sim 70$ ℃

　湿度範囲：$5 \sim 96$ ％RH

　気圧範囲：$80 \sim 106$ kPa

なお，特殊な用途以外，気圧範囲を考慮する必要がある例はまれである．

(b) 通常システム動作に影響するSPDパラメータ　電気通信及び信号システムの保護に用いる電圧制限又は電圧制限及び電流制限の両機能をもつSPDの動作に関する基本的特性は，次のとおりである．

- 最大連続使用電圧 U_c：SPDの伝送特性の劣化が起こることなく，SPDに連続して印加することが可能な最大実効値又は直流電圧．
- 電圧防護レベル U_p：端子間の電圧を制限するときのSPDの性能を規定するパラメータ．
- インパルスリセット：雷サージ電流が通過し，SPDが動作した後で速やかに回線復帰するかどうかを規定するパラメータ．
- 絶縁抵抗（漏れ電流）：SPDの端子間に U_c を印加したときのSPDの抵抗値．
- 定格電流：電流制限デバイスを内蔵しているSPDの通常流せる電流パラメータ．

4.2 SPDの特徴・特性パラメータとその選定・設置方法

・静電容量：伝送特性を決めるためのSPDがもつ固有の容量．
・直列抵抗：保護協調をとる場合に挿入される抵抗．ヒューズ抵抗の場合もある．
・挿入損失：伝送システムに，SPDを挿入することによって生じる損失．この損失は，伝送システムにSPDを挿入する前に，SPDの後段のシステム（負荷側）に供給している電力に対するSPDの挿入後に負荷側に供給している電力の比率である．挿入損失は，通常デシベル（dB）で表す．
・リターンロス：デシベル（dB）で一般に表現した反射係数の逆数．

$$20 \log \frac{Z_1 + Z_2}{Z_1 - Z_2}$$

ここに，電源及び負荷との不連続点において，

Z_1：不連続な伝送路の手前側の特性インピーダンス又は電源の内部インピーダンス

Z_2：負荷のインピーダンス又は後側の特性インピーダンス

・縦バランス

アナログ音声周波数回路：大地に対して一対を構成する二つの線の電気的な対称性．

データ伝送：平衡回路の二つ以上の線及び大地（又は共通）間のインピーダンスの対称性の基準．この用語は共通のモード妨害への影響度を表現するために使用する．

通信及び制御ケーブル：大地に対して影響を受ける共通のモード（縦）電圧の実効値，及び試験中にSPDに生じる線間電圧（V_m）の実効値との電圧比率．

備考　縦バランスdBは次の式によって求める．

$$縦バランス = 20 \log \frac{V_s}{V_m}$$

ここに，V_s及びV_mは同じ周波数で測定する．

通信：コモンモード（縦）電圧V_s及び試験中のSPDに生じるデファ

レンシャルモード（横）電圧 V_m の比．デシベル（dB）で表す．
・近端漏話（NEXT）：したがって，SPD は JIS C 5381-21 による使用可能な選択試験項目で試験する必要がある．

4.3 SPDの協調

防護対象機器（Protective Industrial Equipment，以下，PIE という．）への電気的な印加エネルギー及び印加電圧を許容値に減少させるため，並びに建物の内部の過渡電流を減少させるために，2個以上の SPD を用いて対策することができるが，SPD と PIE 間，SPD 間の動作協調及び SPD 間のエネルギー協調を十分考慮しなければならない．これは，電源・配電系及び情報通信系に関しての共通対策事項である．

4.3.1 SPD と PIE（防護対象機器）間の絶縁協調

PIE の入力部に設置する SPD の電圧防護レベルは，PIE のインパルス耐電圧及びシステムの公称電圧における絶縁協調の要求を満たさなければならない．PIE の損傷に対するイミュニティについての試験方法及び耐電圧などについては，JIS C 61000-4-5 及び C 60364-4-44 の関連規格を参照すること．

4.3.2 SPD 間の動作協調

基本的な協調方式としては，次の4種類が一般的である．最初の3方式は，1ポート SPD 並びにクラスⅡ試験及びクラスⅢ試験対応の SPD に対する協調方式である．第4番目の方式は，減結合素子（直列インピーダンスを含む．）を組み込んだ2ポート SPD に対する協調方式である．これらの協調方式を適用する場合，PIE に組み込まれている SPD との協調について考慮しなければならない．

（1）基本的な協調方式

4種類の協調方式を次に示す．

4.3 SPD の協調

方式Ⅰ：連続的な電流－電圧特性をもつ SPD（バリスタ，ダイオードのような）に対して，同一の U_{res} の SPD を選定する．

方式Ⅱ：すべての SPD が連続的な電流－電圧特性をもつ SPD（バリスタ，ダイオードのような）で，初段の SPD から後段（PIE 側）の SPD の順に段階的に U_{res} を高くする．

方式Ⅲ：不連続的な電流－電圧特性をもつ SPD（スイッチング形 SPD）及びその後段に連続的な電流－電圧特性をもつ SPD（電圧制限形 SPD）を組み合わせ，後段の SPD の負担を軽くする．

方式Ⅳ：SPD 内部に直列インピーダンス又はフィルタを使用して SPD を一体化し，SPD 内部で協調を図って2ポート SPD を構成する．

(2) SPD 間のエネルギー協調

図 4.3.1 に示すように，電源系統に複数個の SPD を設置する場合，侵入する雷サージの特性などから，SPD 間のエネルギー耐量の協調を考慮して適切な SPD を選定することが重要である．図 4.3.1 において，SPD 1 が放電しないときには，SPD 2 にサージ電流が全部流れるため，SPD 2 のインパルス電流耐量が課題となる．Z の電圧（U_Z）及び SPD 2 の制限電圧（U_2）の和電圧値が SPD 1 の動作開始電圧を超えると SPD 1 が放電し，SPD 1 にほとんどのサージ電流が流れる．SPD 2 のインパルス電流耐量は SPD 1 が放電するまでの短時間の耐量なので，低くても協調はよく取れる．

図 4.3.1 において，まず次の 2 点について検討する．

① 侵入サージ I は，時間的，大きさ的にどのように SPD 1 及び SPD 2 に

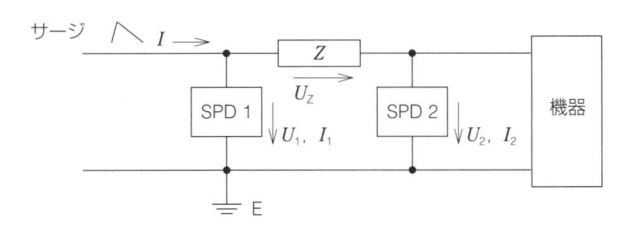

図 4.3.1 SPD 間の動作協調例

分流するか.

② 2個のSPDは，各々の電流ストレスに耐えることができるか.

2個のSPD間の距離が短い場合，インダクタンスの効果が期待できないため，SPD2は過度のストレスを受けることがある．2個のSPD間のインピーダンスを考慮し，SPDの許容可能なレベルまでI_2の値を減少させるようなSPDを選定することにより，よい協調が達成できる．

サージ電流についての協調を考慮するだけでは不十分で，サージエネルギーについての協調も考慮することが必要である．

SPD2に流れる最大サージ電流でのSPD2で消費したエネルギーが，SPD2の最大エネルギー耐量以下の場合には，2個のSPDのエネルギー協調が良好に協調が達成できていることである．この協調チェックは，SPD2の過剰設計を回避するために必要である．

スパークギャップ（SG）-SPD1とバリスタMOV-SPD2を使用したエネルギー協調の基本原理を図4.3.2に示す．

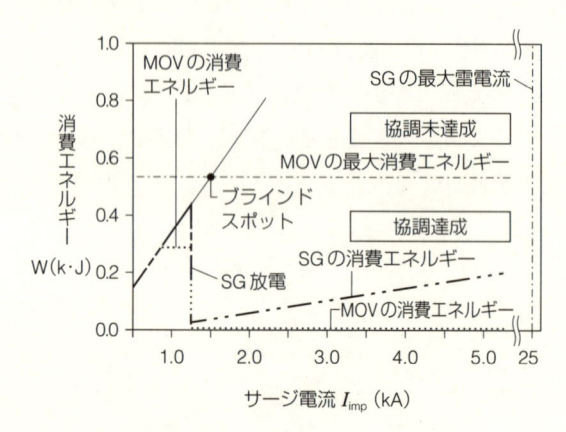

図 4.3.2 エネルギー協調の基本原理

4.3.3 実際的手法と設置の際の検討事項

協調の検討は複雑な場合があるが，すべてのSPDを同じ製造業者が供給す

る場合，適切な協調のための最も容易な方法は，選定した SPD 間の距離又はインピーダンスに関する必要条件を製造業者に確認することである．

他の方法として，次の四つの方法の検討を行う必要がある．

① 結果に大きく影響を及ぼす可能性のある部品のばらつきを考慮して，長いサージ波形及び短いサージ波形の両方で，0 から E_{max} に相当するサージ電流まで印加し，試験により協調を確認する．

② SPD 特性の正確なデータをもとに，実際の設備構成の特殊性を考慮してシミュレーションを実行する．

③ 2 個の SPD が電圧制限形の場合，その $U-I$ カーブを比較して分析的な検討を行う．

④ エネルギー通過法（LTE）と呼ぶ方法を用いて試験する（ほとんどの場合に控えめな結果を出す．）．

2 個の協調した SPD の最大エネルギー耐量は，必ずエネルギー耐量の低い SPD の値以上になる．既に SPD（SPD 1）のあるシステムに新しい SPD（SPD 2）を接続する場合，適切な協調を達成することを保証しなければならない．

SPD 間の協調は，実際の現場に設置する場合に 4.3.2 項に示した方法では不十分な場合があり，以下のような事項について追加検討が必要になる．

① リード線がある又は分離器のような追加装置がある場合，回路内にインダクタンスが加わることとなる．実際の設置回路により各 SPD 間の電流分流を詳細に検討する必要があることがある．

② SPD 内に用いている素子の特性公差によって，ある電流で残留電圧の実測値がばらつくことがある．さらに製造業者から通常入手する値は，マージンを考慮した防護レベル U_p で，実際に示す値よりかなり低い値（25%以下）となることがある．

③ SPD のエネルギー耐量 E_{max} は，長い又は短いサージ波形に対して異なる値になる．一般的には，SPD のエネルギー耐量の値は，一つの試験クラス（クラス I 試験は長い波形及びクラス II 試験は短い波形）だけに対して規定している．したがって，異なるサージ波形に対する SPD の

エネルギー耐量を規定していない場合には計算する必要がある．

4.3.4 具体的なSPD間の協調例

配電系統の具体的な協調例として，図4.3.1のSPD 1にギャップ，SPD 2にMOVを選ぶ場合が一般的である．SPD 1及びSPD 2のいずれもMOVを選ぶこともある．ギャップとMOV間の協調は比較的簡単であるが，MOVとMOV間の協調は非常に難しい．

ギャップとMOVとの協調は，それぞれの電圧-電流特性が大きく異なるため，協調を考慮したそれぞれの素子の選定は容易にできる．

2個のMOVの協調を検討する場合，製造業者からMOVの諸特性を入手できれば，簡易的に協調の検討が可能である．しかし，2個のMOVを使用する場合は，それぞれの電圧-電流特性のばらつきを考慮した検討が必要になり，製造業者が提供する一般的なデータからこれらを判断することは困難である．この場合，SPD 1及びSPD 2は，製造業者が推奨するSPDの組合せを適用することが賢明である．具体的な協調の図り方の詳細は，JIS C 5381-12に規定している．

SPDと他の装置の協調例は次による．

(a) **漏電遮断器又は過電流防護装置（ヒューズ又は配線用遮断器など）のサージ耐量** 回路網の中で使用する過電流防護装置及び漏電遮断器の規定耐量は，それら自体の規格（IEC 61008-1及びIEC 61009-1）では規定していない．ただし，S形漏電遮断器だけは，8/20の3 kAでは動作しないで耐えなければならないと規定している．

(b) **SPD及び漏電遮断器又は過電流防護装置（ヒューズ又は配線用遮断器など）間のサージ協調** 過電流防護装置又は漏電遮断器及びSPDが協調する場合，公称放電電流（I_n）でこの過電流防護装置又は漏電遮断器が動作しないことが要求される．しかし，I_nより大きい電流においては，過電流防護装置は通常動作してもよい．配線用遮断器のような復帰可能な過電流防護装置の場合は，サージによって破損しないことが望ましい．この場合，過電流防護装置が

4.3 SPDの協調

動作した場合でもその応答時間によって，すべてのサージがSPDに流れる．したがって，SPDは十分なエネルギー耐量をもたなければならない．

配電系統に電圧スイッチング形SPDを使用した場合，SPDが放電を開始した後も，SPDが自己消弧しないで，電源の続流によって過電流防護装置が動作することがあり，電源供給の質が低下する場合がある．そのためにSPDの電源側の過電流防護装置との協調が必要になる．

これらの現象による漏電遮断器又は過電流防護装置の動作は，設備の防護が継続するので，SPDの故障であるとは考えない．電源の中断を使用者が認めない場合は，特別な構成又は過電流防護装置を使用することが必要になる．

参 考 文 献

1) (社)電子情報通信学会編，木島均（1997）：接地と雷防護，コロナ社
2) ITU-T Recommendation K.20 : 2003 Resistibility of telecommunication equipment installed in a telecommunications centre to overvoltages and overcurrents
3) ITU-T Recommendation K.21 : 2003 Resistibility of telecommunication equipment installed in customer premises to overvoltages and overcurrents
4) (社)電気設備学会編(2004)：IEC 60364 建築電気設備設計・施工ガイド—電気設備の国際化のために，(社)電気設備学会
5) 通信保安体系出版委員会(1992)：通信保安体系(改訂版)—雷害対策ハンドブック，(株)サンコーシヤ

5. SPDの所要性能試験方法

この章では，JIS C 5381-1 と -21 について解説する．

5.1 試験項目及び試験方法

5.1.1 低圧配電システム用SPSのJIS C 5381-1における電気的・機械的・環境・安全所要性能

低圧配電システムのSPSに関して，JIS C 5381-1 では，重要な電気的・機械的・環境・安全所要性能を以下のように規定している．

(1) 電気的所要性能

(a) 電気的接続 SPDの電気的接続は，公称放電電流 I_n や最大放電電流 I_{max}，インパルス電流 I_{imp} をSPDに印加する際に安全に放流するために重要である．

この接続が不十分な場合，SPD接続部におけるスパークやスパークに伴う溶接（ケーブルがSPDと溶接して交換不能となる．）や放流による電磁力でケーブルがSPDから外れるなどの支障が起こる．

(b) 電圧防護レベル（Voltage Protection Level：U_p） この性能はSPDの動作電圧をシミュレートしている性能であり，被防護機器との絶縁協調をとるために必要な性能である．

この電圧防護レベルはSPDの内部構成によって，1.2/50 のインパルス電圧による試験と電流波形 8/20 を印加することによる残留電圧試験がある．いずれの試験も実際に雷サージが侵入した際のSPDの動作電圧をシミュレートしたもので，この試験により決められる電圧防護レベルは被防護機器の耐インパルス電圧より低くなければならない．

JIS C 5381-1 に準拠するSPDには，U_p としてその性能がSPD本体と仕様書

に記載されている．

(c) クラスⅠ試験のインパルス電流試験　この性能は直撃雷の分流を想定したSPDの電流耐量を表す性能であり，JIS C 5381-1 に準拠するSPDはI_{imp}としてその性能が本体と仕様書に記載されている．この性能は動作責務試験にて試験される．また，このI_{imp}は電圧防護レベルU_pを決めるための残留電圧測定においてI_{imp}のピーク値が8/20電流波形で使用されるほか，動作責務試験の前処理試験においても同様にI_{imp}のピーク値が使用される．この性能はJIS C 5381-1 で推奨している数値からSPD製造業者が選択する．

(d) クラスⅡ試験の公称放電電流試験　この性能は誘導雷を対象としたSPDの繰返し通電性能を表し，電圧防護レベルU_pを決定するのに重要なパラメータであり，動作責務試験における前処理試験においても使用される．この性能はJIS C 5381-1 で推奨している数値からSPD製造業者が選択する．

(e) クラスⅢ試験のコンビネーション波形試験　この性能は機器内部に設置されるSPDに対しての試験に用いられる．この性能はJIS C 5381-1 で推奨している数値からSPD製造業者が選択する．

(f) 動作責務試験　この試験は実際のフィールドに設置されたSPDの動作をシミュレートした試験であり，前処理試験と動作責務試験により構成されている．前処理試験においてSPDの続流遮断性能を確認し，動作責務試験にてSPDの電流耐量を確認する．

(g) SPD分離器（SPD Disconnector）　SPDの内部に設置されているものと外部に設置されるものがある．SPD内部に設置される分離器はSPDの劣化表示を確認するためのものであり，SPD外部に接続されるSPDはSPDのメンテナンス時にSPDを線路から切り離すために設置する．JIS C 5381-12において，試験中この分離器は公称放電電流I_nで動作しないことが望ましいとされている．

(h) 空間距離及び沿面距離　この性能はJIS C 5381-1においてSPDの最大連続使用電圧U_cに基づいて適切な空間距離及び沿面距離を定めたものである．SPDは十分な空間距離及び沿面距離をもつことでU_cが課電されている状態で

絶縁状態を保っていることを確認するものである．

（**i**）**耐トラッキング**　充電部を規定の位置に固定するための絶縁材料等について定めている．

（**j**）**絶縁耐力**　SPDの容器が十分な絶縁耐力をもつことを確認する．

（**k**）**短絡特性（Short-circuit Withstand）**　電源の推定短絡電流に対して，SPD又は分離器あるいは過電流防護装置により遮断するまで，SPDがこの電流を流す能力があることを確認する．

（**l**）**動作表示器の動作**　SPDの劣化を表すものであり，SPDのどの部分と連動しているかを明確にしていなければならない．全形式試験でSPDとともに試験される（中間状態表示付SPDに関しては中間状態表示を故障とはみなさない．）．

（**m**）**独立した回路間の隔離**　主回路から電気的に隔離している回路をもつSPDに関してSPD製造業者が指定する試験（関連規格等はSPD製造業者が情報を提供する．）．

（2）**機械的所要性能**

SPDが機械的安定性能を確保するために機械的所要性能として以下を規定している．この性能が十分でないと安全に公称放電電流I_n，最大放電電流I_{max}，インパルス電流I_{imp}を通電することができない．

（**a**）**一般的事項**　SPDがもつべき電気的接続可能な端子について規定．

（**b**）**機械的接続**　SPDの接続端子部の機械的・電気的強度と材質について規定．

（**c**）**耐腐食性金属**　SPDの接続端子部又は固定部品などは耐腐食材料で構成しなければならない．

（3）**環境所要性能**

通常の使用状態で，規定する環境条件の下でSPDが満足に動作するように設計されていなければならない．屋外用SPDは十分な耐候性能をもつか，耐候性能をもつ収容箱に収納されなければならない．また，SPDは異なる電位間で十分な沿面距離をもたなければならない．

(4) 安全所要性能

SPDを安全に使用するために以下の項目を定めている．感電保護，機械的強度，耐熱性，絶縁抵抗，耐火性，待機電力消費，漏電電流，TOV耐性などがある．これらのうち，感電保護では保護等級が定められており，充電部分には指が触れられないように設計することとしている．

5.1.2 通信・信号回線用SPSのJIS C 5381-21における電気的所要性能

情報通信線のSPSに関して，JIS C 5381-21では，重要な電気的所要性能を以下のように規定している．

(1) 電圧制限の要求事項

電圧制限の要求事項としてSPDの内部に使用されるSPDC等によって試験方法の適用範囲を規定している．

(a) 最大連続使用電圧 U_c（Maximum Continuous Operating Voltage） SPDにU_cが荷電された状態で使用できることを確認するために行う試験．

(b) 絶縁抵抗（Insulation Resistance） この性能もU_cが荷電された状態で使用できることを確認するために行う試験．

(c) インパルス制限電圧 電圧防護レベルU_pを決定するために行われる試験であり，この試験で測定される電圧はU_pより小さな値である．

(d) インパルスリセット スイッチング形SPDにのみ適用される試験．この試験はSPDが動作後，元の絶縁状態に復帰できるかを確認する．

(e) 交流耐久性（a.c. Durability） 電力線との混触時などにおいてSPDの交流耐久性能を確認する試験．

(f) インパルス耐久性（Impulse Durability） SPDの寿命を推定するために必要な試験．

(g) 過負荷での故障モード SPDの過負荷時故障をモード1～3まで規定している．

モード1：回線の使用が可能であるがSPDは開放している．

モード2：SPDが低いインピーダンスで短絡した状態で，回線は使用で

5.1 試験項目及び試験方法

きない．

モード3：SPDの電圧制限部分に対してネットワーク側回路を切り離した状態．回線は使用できない．SPD製造業者が規定している上記のモードでSPDが故障するかを確認する．

(h) **ブラインドスポット**（Blind Spot） U_cからU_pの間のインパルス電圧でSPDが動作しない電圧を特定するための試験．

(2) 電流制限の要求事項

電流制限の要求事項としてSPDの内部に使用されるSPDC等によって試験方法の適用範囲を規定している．

(a) **定格電流**（Rated Current） SPD製造業者が指定したSPDの定格電流を確認する試験．SPDを使用する回路の定格電流に対してSPDの定格電流は十分大きな値をもつことが望ましい．

(b) **直列抵抗** SPDが直列抵抗を含む場合，製造業者は抵抗値と許容差を指定する．この指定されている抵抗値及び許容差を確認するために行う試験．直列抵抗を含むSPDを使用する場合，この抵抗値が回路に挿入されても問題なく通信・信号が伝送できることを確認することが必要である．

(c) **電流応答時間**（Current Response Time） 電流制限素子を含むSPDに適用する試験で，製造業者が指定する応答時間を確認するための試験．

(d) **電流復旧時間**（Current Reset Time） 自己復旧電流制限素子を含むSPDに適用する試験であり，手動復旧する電流制限素子を含むSPDには適用しない．120秒以内に元の状態に戻ることを確認する．

(e) **最大遮断電圧**（Maximum Interrupting Voltage） 電流制限素子を含むSPDに適用される試験である．電流制限素子を含むSPDの製造業者は最大遮断電圧を指定する．製造業者が指定した最大遮断電圧にて電流制限素子が動作を引き起こす条件で1時間試験し，試験の1時間後に上記(a)，(b)，(c)を満足することを確認する．ユーザはSPD製造業者が指定する最大遮断電圧がSPDを使用する回路電圧に対して十分な値をもつものを選択する．

(f) **動作責務試験** SPDの寿命を推定するために必要な試験．電流制限素

子の繰返し性能を確認する．

(g) **AC耐久性** SPDの寿命を推定するために必要な試験．電流制限素子の繰返し性能を確認する．

(h) **インパルス耐久性** SPDの寿命を推定するために必要な試験．

(3) **伝送要求事項**

SPDを回線に挿入した際に通信信号に影響を与えないことを確認するための試験として，静電容量，挿入損失，リターンロス，縦バランス，ビットエラー率，近端漏話を規定している．

5.2 使用者，設計者，製造業者の立場から必要とする所要性能試験方法

5.2.1 低圧配電システムからの誘導雷SPS用SPD

ここでは型式試験のうち，SPDの性能から最も重要と考えられる試験方法について解説する．JIS C 5381-1の中で検討中の型式試験を表5.2.1に示す．この型式試験は各シーケンスごと3個の供試品を用いる．試験に用いた供試品のうち，1個に不具合があった場合，新たに3個の供試品で試験ができる．ただし，新たに行う試験では供試品に不具合は認められず，不具合が発生した場合は不合格となる．

これらの試験のうち，SPD使用者にとって重要な試験シリーズ2，3について以下に解説する．

(1) 制限電圧の測定

この試験は電圧防護レベルU_pを決定するために行う試験であり，試験は実際にSPDに対してインパルスを印加し，電圧ピーク値を測定する．実際にSPDが設置された状態で雷サージが侵入した際に，SPDがどの程度に電圧を制限できるかをシミュレートしたものである．

試験に使用するインパルスはSPDの内部構造により試験方法が異なる（図5.2.1参照）．ここで測定される最大の電圧をもとに電圧防護レベルU_pが決定さ

5.2 所要性能試験方法

表 5.2.1 検討中の型式試験(JIS C 5381-1　表2抜粋)

試験シリーズ	試験項目	JISの箇条	屋外用試験 I II III	屋内用試験 I II III	接近性試験 I II III	非接近性試験 I II III	永久用の試験 I II III	可搬用の試験 I II III
1	識別及び表示	7.2 7.2.1 7.2.2	× × ×	× × ×	× × ×	× × ×	× × ×	× × ×
	端子及び接続部	7.3	× × ×	× × ×	× × ×	× × ×	× × ×	× × ×
	直接接触に対する防護の試験	7.4 7.4.1 7.4.2		× × ×	× × ×		× × ×	× × ×
2	制限電圧の測定	7.5.2	× ×		× ×	× ×	× ×	× ×
		7.5.3	× ×		× ×	× ×	× ×	× ×
		7.5.4		×	×	×	×	×
3	続流の予備試験	7.6.2	× × ×	× × ×	× × ×	× × ×	× × ×	× × ×
	前処理試験	7.6.4	× ×		× ×	× ×	× ×	× ×
	動作責務試験	7.6.5	× ×		× ×	× ×	× ×	× ×
		7.6.7		×	×	×	×	×

れる．

　JIS C 5381-1では電圧防護レベル U_p の推奨値が記載されていて，この試験で測定された最大電圧に基づいてSPD製造業者が選択する．

　選択する際には"電圧防護レベル U_p ＞測定された制限電圧の最大値"でなければならない．SPDユーザはこの U_p が被防護機器のインパルス耐電圧以下であることを確認する． U_p を決定するための手順を図5.2.1に示す．

　この試験は表5.2.2に示す三つの試験から構成されている．SPDがどの試験クラスに対応するか，またSPDの構成（どのようなSPDCを用いているか）によって試験内容が異なる．

　なお，近々，IEC 61643-11（JIS C 5381-1の改訂版）で，これらの試験方法が変更される予定である．

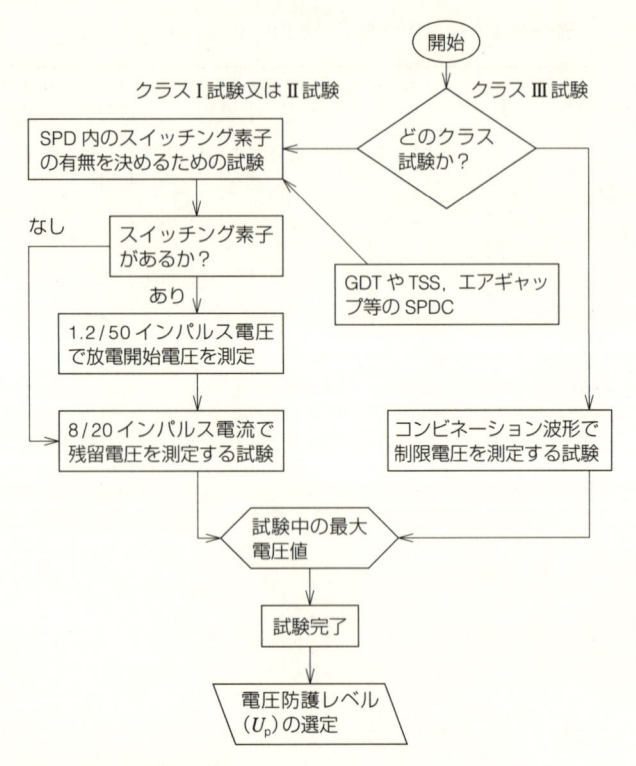

図 5.2.1 SPD の電圧防護レベル U_p を決定するためのフローチャート

　IEC 61643-11 では電圧防護レベル U_p を決定する手順として，8/20 の電流インパルスによる残留電圧測定から試験を開始する．試験の内容も以下のように変更される予定である．

　クラス I の試験は，JIS C 5381-1 では I_n の 0.1，0.2，0.5，1.0 倍及び I_{peak} それぞれのピーク値の電流を印加して，残留電圧を測定することになっているが，IEC 61643-11 では I_{imp} の 0.1，0.2，0.5，1.0 倍のピーク電流を印加して残留電圧を測定する．

　この試験後スイッチング素子がある場合，1.2/50 の電圧インパルスを印加して放電開始電圧を測定する．スイッチング素子を含まない場合はこの試験は行わない．この試験の内容も次のように変更される予定である．

5.2 所要性能試験方法

表 5.2.2 U_p を決定するために行われる試験

1.2/50 電圧インパルス（クラス I，II 試験対応 SPD）
この試験は SPD 内部に電圧スイッチング素子が含まれる場合に実施する．発生器の極性は正，負各極性 5 回ずつを印加する．この試験は予備試験として，SPD が放電を開始するまで 10 %ずつ出力電圧を上昇させ，放電が開始しない最後の設定値から 5 %ステップで出力電圧を増加し，すべてが放電する 10 回の測定ピーク値（絶対値）の平均値が測定制限電圧となる．
残留電圧（クラス I，II 試験対応 SPD）
この試験は SPD の内部構造によらず実施される試験である．SPD 製造業者が JIS C 5381-1 の推奨値から選択した公称放電電流 I_n と I_{imp} に基づき実施される．8/20 電流インパルスを I_n の 0.1，0.2，0.5，1.0，2.0 倍のステップで印加する．これを 1 シーケンスとして正極と負極測定，最後に I_{peak} インパルスで 1 回以上残留電圧の高かった極性で測定，電圧・電流曲線をとる．この曲線上の下記の範囲での最高電圧を測定制限電圧とする．I_{peak}：I_{imp} のピーク値，クラス II は I_n までのデータを用いる．クラス I は I_{peak} 又は I_n のいずれか大きい方までのデータを用いる．
(1.2/50, 8/20)コンビネーション波形（クラス III 試験対応 SPD）
U_c を課電状態でインパルスを印加，U_{oc} の 0.1，0.2，0.5，1.0 倍の各インパルス電圧で 4 回（正負各 2 回）の試験（インパルスは正極性の場合，課電している U_c の 90±10°で印加する．負極性の場合は U_c の 270±10°で印加する．）．全試験記録の最大値を測定制限電圧とする．

　JIS C 5381-1 では，SPD が放電開始するまで電圧を一定のステップで SPD に印加するため，電圧発生器の充電電圧を上昇させていたのに対して，IEC 61643-11 では，充電電圧 6 kV から試験を開始し，ここで SPD が 100 %放電しない場合は，充電電圧 10 kV で試験を行う．JIS C 5381-1 ではこの試験での測定電圧の平均値を用いていたのに対して，IEC 61643-11 では，この試験における最大値を用いる予定である．

　残留電圧試験におけるクラス I 試験は I_n から I_{imp} に変更になると，これまでより SPD に印加される電流のピーク値が大きくなり，より過酷な試験となっている．試験内容として I_n の 1.1 倍までとすることも検討されている．

　スイッチング素子の 1.2/50 の電圧インパルス試験について，試験のために印加する電圧の上昇峻度の影響を受けることを考慮すると，JIS C 5381-1 より一定の上昇峻度に変更される予定である．

(2) 動作責務試験

動作責務試験は，実際にSPDが設置されている状況をシミュレートして実施する．この試験は交流回路で使用するSPDに対して行う．

JIS C 5381-1の試験手順を図5.2.2に示す．

この試験は測定制限電圧の測定から行う．これは試験前後の合否判定を行う際に比較するためである．

次に続流電流の測定となるが，ここではSPDの続流遮断性能によって（500 A以上，500 A未満）試験に用いる電源の特性を定めている．

続流性能が未知の場合は予備試験から行うが，JIS C 5381-1に適応したSPDの場合は，続流遮断性能が仕様書に記載されている．SPDユーザはSPD製造

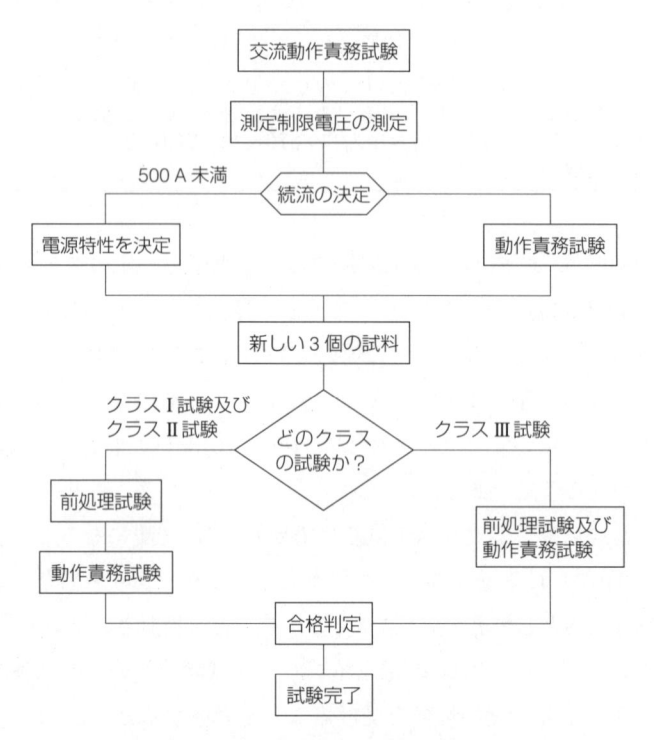

図 5.2.2 動作責務試験フローチャート

業者に対してこのデータを要求すればよく，ここでは詳細は割愛する．

動作責務試験はクラスⅠ，Ⅱ試験対応SPDの場合，前処理試験と動作責務試験からなる．クラスⅢ試験対応SPDはクラスⅠ，Ⅱ試験対応SPDと試験波形と合否判定が異なる（製造業者が指定するU_{oc}をI_nとして行う．）．

(3) 前処理試験

この試験ではSPDの続流遮断定格I_{fi}を確認する．この続流遮断定格I_{fi}はSPDが設置される電源回路の推定短絡電流より大きくなければならない．この試験は動作中に低インピーダンスとなるSPDを用いる場合，特に重要である（SPDの動作中の端子間電圧＜U_cの場合，U_cによる商用電流がSPDに流れるため）．

試験は最大連続使用電圧U_cを供試品に課電した状態で位相角0°から30°ずつ計5回の8/20μsのインパルスを印加する．インパルス電流はクラスⅡ試験は公称放電電流I_nで行い，クラスⅠ試験はI_{peak}（I_{imp}の電流ピーク値）で行う．

前処理試験は，SPDの寿命を短くすることにもなるため，新しく制定される予定のIEC 61643-11（JIS C 5381-1の改訂版）では省略され，動作責務試験だけになる予定である．この変更に伴い，試験方法の内容も変更になる．

以下に，JIS C 5381-1の動作責務試験の詳細を解説する．

前処理試験は図5.2.3のようにU_cを課電中のSPDに位相角0°から30°ずつ1分間隔で8/20μsのインパルスI_n又はI_{peak}を5回印加する．この試験を1群として30分間隔で3回実施，合計15回のインパルスを印加する．SPDが続流したり，破壊するとNGとなる．

U_cの電源は短絡電流がSPDの続流遮断定格I_{fi}を流す容量をもつこと．

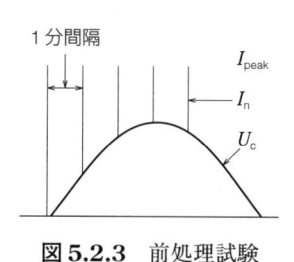

図 5.2.3 前処理試験

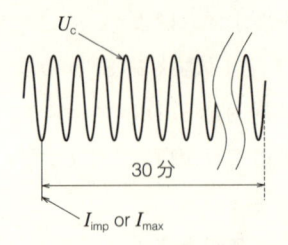

図 **5.2.4** 動作責務試験

動作責務試験は図 5.2.4 のように最大連続使用電圧 U_c を供試品に印加した状態で U_c のピーク値で極性の一致したインパルス I_{imp}（クラスⅠ試験対応 SPD）or I_{max}（クラスⅡ試験対応 SPD）or U_{oc}（クラスⅢ試験対応 SPD）の 0.1，0.25，0.5，0.75，1.0 倍の電流インパルスを 1 回印加して，30 分間 U_c を課電する．SPD が続流したり，破壊すると NG となる．

熱的安定性を確認し，周囲温度まで冷却する．ここで使用する U_c の電源は 5A 以上供給可能なものを用いる．

合否判定基準は JIS C 5381-1 に規定している．

(4) 漏れ電流

検討中の型式試験には記載がないが，SPD は通常時には系統に影響を与えることがあってはならない．SPD を使用するときには使用する回線の最大回路電圧に対して SPD の U_c が十分な性能をもつことを確認する必要がある．その確認は漏れ電流の測定によって行う．

SPD に U_c を課電して PE に流れる電流を測定する．この電流は十分小さい値でなければならない．

5.2.2 通信・信号回線の SPS 用 SPD
(1) 電圧制限の要求事項

SPD が電圧制限素子だけを含んでいる場合，SPD は，JIS C 5381-21 の 5.2.1 のすべての要求事項に従わなければならない．C 5381-21 の 5.2.1 には"電圧制限素子及び電流制限素子の両方を含む SPD は，5.2.1 のすべての要求事項と

5.2 所要性能試験方法

5.2.2 のすべての適用可能な要求事項に従わなければならない．端子及び保護端子間に線形素子を含む SPD は，5.2.2 の適用可能な要求事項に従わなければならない"とある．

(a) 最大連続使用電圧 U_c　製造業者は，SPD の最大連続使用電圧を指定する．

(b) 絶縁抵抗　この特性は，製造業者が指定する．試験電圧は U_c を用い，試験端子間に流れる電流値で除して，絶縁抵抗値を決定する．

(c) インパルス制限電圧　表 5.2.3 に規定したカテゴリ C の試験条件で試験したとき，SPD は，規定したインパルス電圧に制限しなければならない．電流

表 5.2.3　インパルス制限電圧に対する電圧及び電流波形 (JIS C 5381-21 表 3)

カテゴリ	試験の種類	開回路電圧 (^{1})	短絡回路電流	最小印加回数	試験する端子
A1	非常に遅い上昇率	≧1 kV 0.1～100 kV/s の上昇率	10 A 0.1～2 A/ms≧ 1 000 μs(持続時間)	適用しない	X1 − C X2 − C X1 − X2(^{2})
A2	交流	表 5.2.5 から試験を選択		単サイクル	
B1	遅い上昇率	1 kV 10/1 000	100 A 10/1 000	300	
B2		1 kV 又は 4 kV 10/700	25 A 又は 100 A 5/300	300	
B3		≧1 kV 100 V/μs	10 A, 25 A 又は 100 A 10/1 000	300	
C1	速い上昇率	0.5 kV 又は 1 kV 1.2/50	0.25 kA 又は 0.5 kA 8/20	300	
C2		2 kV, 4 kV 又は 10 kV 1.2/50	1 kA, 2 kA 又は 5 kA 8/20	10	
C3		≧1 kV 1 kV/μs	10 A, 25 A 又は 100 A 10/1 000	300	
D1	高いエネルギー	≧1 kV	0.5 kA, 1 kA 又は 2.5 kA 10/350	2	
D2		≧1 kV	1 kA 又は 2.5 kA 10/250	5	

注 (^{1})　1 kV と異なる開放回路電圧を使用するが，試験中の SPD を動作させるのに十分な電圧でなければならない．
　(^{2})　X1 − X2 端子は，要求がある場合は試験しなければならない．

レベルは，インパルス耐久試験で決定するエネルギー耐量に基づいて選択する．任意の追加の試験として，表5.2.3にあるその他の波形を用いて試験してもよい．測定した制限電圧は，規定した電圧防護レベル U_p を超えてはならない．

(d) インパルスリセット この要求事項は，スイッチング形SPDだけに適用する．表5.2.3から選んだインパルス波形をSPDに印加後，動作状態から不動作状態に復帰する．このインパルス波形を印加する際には，表5.2.4から選んだ電圧及び電流の条件でSPDに印加する．特に規定がない限り，3回のインパルスを1分以内に印加し，すべて30 ms以下の時間で高インピーダンス状態に復帰しなければならない．試験回路を図5.2.5に示す．

(e) 交流耐久性 SPDは，表5.2.5から選んだ電流を用いて，試験素子に熱が蓄積することを防止するための十分な時間間隔をとり，規定回数試験した後に，(b)及び(c)，また適用可能な場合には(d)の適切な要求事項及び直流抵抗の規定を満足しなければならない．

(f) インパルス耐久性 SPDは，表5.2.3から選んだ電流及び電圧の波形を用いて熱蓄積を防ぐために十分な時間間隔をとり，規定した回数を印加する．規定したインパルス回数の半分を一つの極性で，残りの回数を反対の極性で印加する．試験前後に，(b)及び(c)，また適用可能な場合には(d)の適切な要求事項及び直流抵抗の規定を満足しなければならない．

(g) 過負荷での故障モード SPDは，次のインパルス過負荷及び交流過負荷の上場に従って試験したとき，火災，爆発又は電気的な危険を起こすことなく，また，有毒ガスを放出してはならない．製造業者は，故障モードに至るインパルス電流 (8/20) の値及び交流の値を示さなければならない．

(i) インパルス過負荷 製造業者が指定した8/20のインパルス電流 i_n は，次に示す方法でSPDに印加する．

$$i_{\text{test}} = i_n(1 + 0.5N)$$

試験シーケンスは，$N = 0$ ($i_{\text{test}} = i_n$) から始めなければならない．その後の試験シーケンスは，N が1ずつ増加する．このシーケンスは，$N = 6$ が上限である．SPDがこれらの印加回数の後に過負荷故障モードに達しない場合，SPD

5.2 所要性能試験方法

表 5.2.4 インパルスリセット試験の電源電圧及び電流 (JIS C 5381-21 表4)

開回路電圧 (V)	短絡回路電流 (mA)
12	500
24	500
48	260
97	80
135	200[*]

注[*] SPDは，$135 \sim 150\,\Omega$ の抵抗及び $0.08 \sim 0.1\,\mu\mathrm{F}$ のコンデンサの直列組合せを並列に接続することがある．

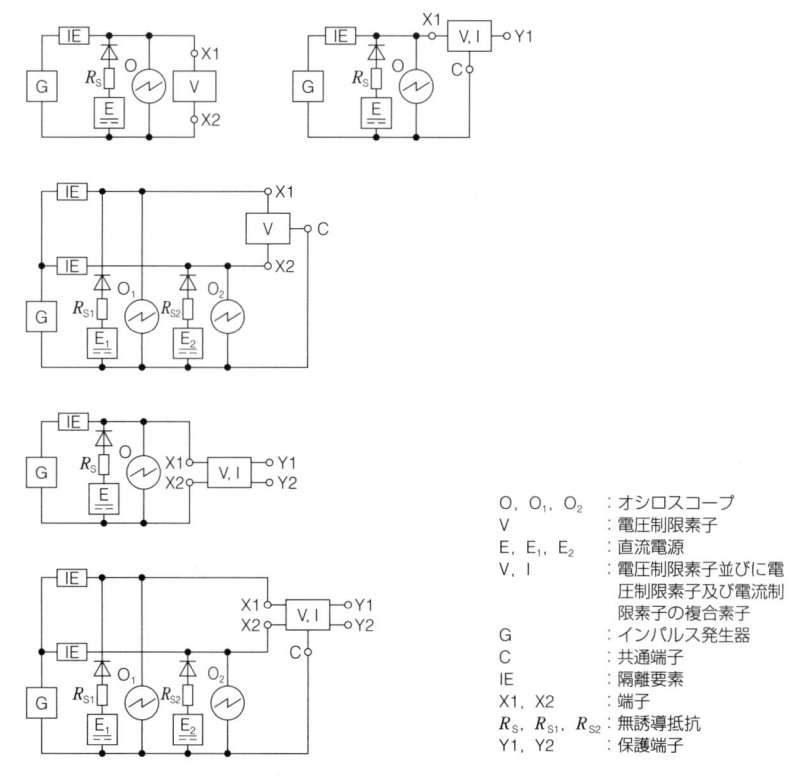

O, O_1, O_2 ：オシロスコープ
V ：電圧制限素子
E, E_1, E_2 ：直流電源
V, I ：電圧制限素子並びに電圧制限素子及び電流制限素子の複合素子
G ：インパルス発生器
C ：共通端子
IE ：隔離要素
X1, X2 ：端子
R_S, R_{S1}, R_{S2} ：無誘導抵抗
Y1, Y2 ：保護端子

図 5.2.5 インパルスリセット時間試験回路
(JIS C 5381-21 図2)

154　　　　　5. SPDの所要性能試験方法

表5.2.5 AC耐久性試験の電流推奨値 (JIS C 5381-21 表5)

48〜62 Hz 各試験端子の 短絡回路電流 A_{rms}	継続時間 s	印加回数	試験端子
0.1	1	5	
0.25	1	5	
0.5	1	5	
0.5	30	1	
1	1	5	X1 − C
1	1	60	X2 − C
2	1	5	X1 − X2
2.5	1	5	
5	1	5	
10	1	5	
20	1	5	

は交流の過負荷故障モードを試験しなければならない．

（ii）**交流過負荷**　交流の過負荷電流試験は，製造業者が規定する．電流は15分通電する．開回路電圧（50 Hz又は60 Hz）は，SPDが完全な導通を引き起こすために十分な大きさでなければならない．試験が終了した時点で，取付台は別のSPDを装着できなければならない．

（h）**ブラインドスポット**　製造業者の適用可能なブラインドスポットに関する情報がない場合及び製造業者の情報の検証が必要な場合，多段SPDの試験は，次に従って実施しなければならない．

①　U_pを決定するために使用するインパルス波形を選択する．このインパルスを印加中に，オシロスコープでインパルス制限電圧及び電圧時間の波形を測定する．

②　開回路電圧を①で使用する値の10％まで減少し，オシロスコープで制限電圧を確認しながらSPDに正極のインパルスを印加する．制限電圧波形は，①で得たものとは異なることが望ましい．もし異ならない場合，より低い開回路電圧を選択する．しかし，この電圧はU_c以上でな

5.2 所要性能試験方法

ければならない．

③ 制限電圧波形を確認しながら，①で使用した値の20％，30％，45％，60％，75％及び90％である正極のインパルス電圧を印加する．

④ 開回路電圧の各パーセントの波形において，①で決定した制限電圧波形に戻った場合に止める．

⑤ 開回路電圧を5％減少し再試験する．②に規定した波形を得るまで開回路電圧は，5％のステップで減少し続ける．

⑥ 開回路電圧のこの値で，2回の正極性インパルス及び2回の負極性インパルスを印加する．

(2) 電流制限の要求事項

SPDが電圧制限素子及び電流制限素子の両方を含んでいる場合，電流制限素子は，JIS C 5381-21の5.2.2のすべての適用可能な要求特性を満足しなければならない．その端子間に線形素子（例えば，抵抗，インダクタンス）を含んでいるSPDは，以下の(a)，(b)，(g)及び(h)の要求特性を満足しなければならない．

(a) 定格電流 製造業者は，定格電流を指定する．試験回路を図5.2.6に示す．

A, A₁, A₂ ：電流計
V ：電圧制限素子
E, E₁, E₂ ：直流又は交流電源
V, I ：電圧制限素子並びに電圧制限素子及び電流制限素子の複合素子
R_S, R_{S1}, R_{S2} ：無誘導抵抗
X1, X2 ：端子
Y1, Y2 ：保護端子
C ：共通端子

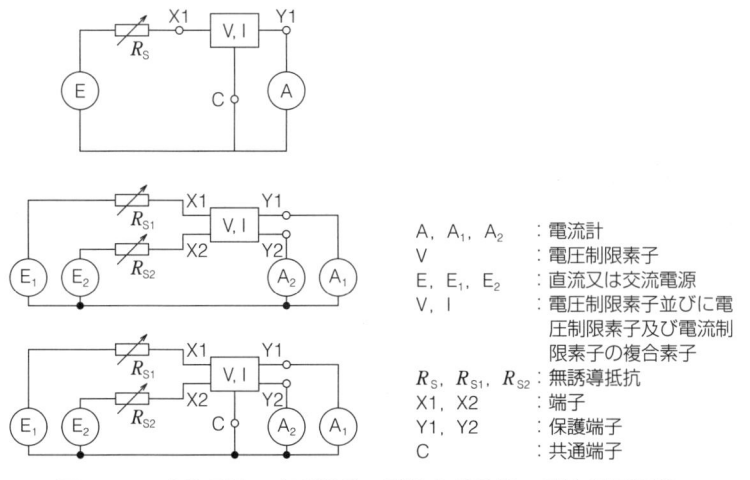

図5.2.6 定格電流，直列抵抗，電流応答時間，電流復旧時間，最大遮断電圧及び動作責務試験回路(JIS C 5381-21 図5)

試験の電圧供給源は，定格電流を十分供給できなければならない．周波数は，0（直流），50 Hz 又は 60 Hz とする．定格電流試験中に，電流を制限する機能は動作してはならない．各 SPD への試験電流は，R_S 又は R_{S1} 及び R_{S2} の抵抗を調整して印加する．試験中の電流制限機能規格は，定格電流を最小 1 時間通電することである．この試験中，人が触れる部分は過度な温度に達してはならない．また試験中に，SPD の電流制限素子の動作特性に変化を起こしてはならない．

(b) **直列抵抗** SPD は，図 5.2.6 に従って接続しなければならない．試験電圧は製造業者が規定する最大遮断電圧未満でなければならない．周波数は，0（直流），50 Hz 又は 60 Hz とする．試験電流は，R_S 又は R_{S1} 及び R_{S2} 抵抗で調整した定格電流と同等にしなければならない．抵抗は，図 5.2.6 に示す供給電圧 e 及び電流計によって測定した定格電流 I によって

$$\frac{e - IR_s}{I}$$

で決定できる．製造業者は，任意の直列抵抗の値及びその許容差を指定する．

(c) **電流応答時間** SPD は，図 5.2.6 に従って接続しなければならない．供給電圧は製造業者が規定する最大遮断電圧未満でなければならない．周波数は，0（直流），50 Hz 又は 60 Hz とする．

各 SPD への初期負荷電流は，R_S 又は R_{S1} 及び R_{S2} 抵抗を調節することによって定格電流と同じにする．SPD は，定格電流で安定に動作していなければならない．安定動作後，R_S 又は R_{S1} 及び R_{S2} は，表 5.2.6 に指定する試験電流を供給するために変えなければならない．各試験電流に対する電流制限機能の応答時間を

表 **5.2.6** 応答時間に対する試験電流

(JIS C 5381-21 表 6)

試験電流 A
1.5 × 定格電流
2.1 × 定格電流
2.75 × 定格電流
4.0 × 定格電流
10.0 × 定格電流

5.2 所要性能試験方法

記録する．応答時間は，電圧印加から電流が定格電流の10％に減少するまでの時間とする．試験電流が電流制限素子の最大電流耐量を超過する場合，試験電流は電流制限素子が耐えることができる最大電流と等しくなければならない．

（d）電流復旧時間 SPDは，図5.2.6に従って接続しなければならない．供給電圧は，製造業者が規定する最大遮断電圧未満でなければならない．周波数は，0（直流），50 Hz又は60 Hzとする．各SPDへの初期の負荷電流は，R_S又はR_{S1}及びR_{S2}の抵抗を調整して得た定格電流とする．SPDは，定格電流で安定動作していなければならない．安定動作後，R_S又はR_{S1}及びR_{S2}の抵抗を負荷電流がSPDの電流制限機能が動作するレベルまで増加するような値に減少しなければならない．この試験条件は，電流が定格電流の10％未満に減少した後，15分間維持しなければならない．それから，R_S又はR_{S1}及びR_{S2}の抵抗を負荷電流がSPDの電流制限機能が動作するレベルまで増加するような値に減少しなければならない．

定格電流の少なくとも90％に戻る負荷電流になる時間を記録する．この時間は120秒未満でなければならない．試験の適用に際しては，自動復旧電流を制限する機能のための定格電流より低い電流で行ってもよい．復帰可能な電流制限素子については，供給電流を120秒未満の時間中断する．この後に，復帰可能な電流制限機能は，電流を制限する機能がその元の状態に戻ったことを保証するために5分間定格電流を通電する．

復旧時間，すなわち電流制限素子が動作前の状態に戻るために必要な時間は，特に規定がない限り，120秒未満でなければならない．この要求は，手動で復旧する電流制限素子を含んでいるSPDには適用しない．

（e）最大遮断電圧 この要求は，自動復旧又は手動で復旧させる電流を制限する素子を含んでいるSPDだけに適用する．製造業者は，SPD内の電流制限素子の最大遮断電圧を指定する．SPDは，図5.2.6に従って接続しなければならない．試験電圧は，製造業者が規定する最大遮断電圧とする．周波数は0（直流），50 Hz又は60 Hzとする．R_S又はR_{S1}及びR_{S2}の抵抗は，SPDの電流制限素子の動作を引き起こす値に調節する．この試験条件を1時間維持する．1

時間後に，SPDの電流制限機能は，(b)，(c)及び(d)を満足しなければならない．試験後，電流制限素子の動作特性に劣化を生じてはならない．

(f) 動作責務試験 SPDは，図5.2.6に従って接続しなければならない．試験電圧は製造業者が規定する最大遮断電圧とする．周波数は，0(直流)，50 Hz又は60 Hzとする．各々のSPDへは，負荷電流は短絡回路でSPDを一時的に取り替え，表5.2.7から選んだ値に調節（R_s又はR_{s1}及びR_{s2}の抵抗によって）する．選択した値は電流を制限する機能を十分動作させなければならない．回路中にSPDを挿入した後，定格電流の10％未満に減少するまで試験電流を通電する．

各々のSPDが動作後，少なくとも電流制限素子が元の状態に戻る2分間電源を取り去る．試験電流を印加するサイクルは，電源供給がない期間後に継続して，表5.2.7に示す回数を繰り返す．最終サイクルの後に，SPDは，(b)，(c)及び(d)の要求条件を満足しなければならない．

自己復旧又は手動で復旧させる電流制限素子を含んでいるSPDだけに適用する．SPDには，最大遮断電圧を繰り返し印加する．

表 5.2.7 動作責務試験での推奨電流値
(JIS C 5381-21 表7)

電流 A (直流又は実効値)	適用
0.5	30
1	10
3	5
5	5
10	3

(g) AC耐久性 SPDの交流短絡電流は，表5.2.8から選択しなければならない．SPDに熱が蓄積するのを防ぐために十分な時間間隔で，指定した回数の電流を印加する．交流電源の最大電圧は，製造業者が規定する最大遮断電圧を超えてはならない．試験前及び印加試験終了後，SPDは，(a)，(b)及び(c)の所要性能を満足しなければならない．

電流は，表5.2.8から選んだ適切な端子に印加する．3端子SPD及び5端子

5.2 所要性能試験方法

表 5.2.8 AC耐久性試験の電流推奨値
(JIS C 5381-21 表8)

48〜63 Hz 短絡電流 A_{rms}	継続時間 s	印加回数	試験端子
0.25	1	5	
0.5	1	5	
0.5	30	1	
1	1	5	X1−C
1	1	60	X2−C
2	1	5	X1−X2
2.5	1	5	
5	1	5	

SPDの場合，電流は端子X1-X2の端子に印加する．3端子SPD及び5端子SPDの試験の場合，防護していない側の端子の各対（X1-C及びX2-C）は，同時に同じ極性又は別々に試験する．

（h）インパルス耐久性 SPDのインパルス電圧及び電流は表5.2.9から選択しなければならない．SPDに熱が蓄積するのを防ぐために十分な時間間隔で，指定した回数の電流を印加する．指定した試験回数の半分は一つの極性で，同一試料で残りの半分は反対の極性で試験する．代替案としては，試料の半分は

表 5.2.9 インパルス耐久性の電流推奨値
(JIS C 5381-21 表9)

開回路電圧	短絡回路電流	印加回数	試験端子
1 kV	100 A, 10/1 000	30	
1.5 kV 10/700	37.5 A, 5/300	10	
最大断続電圧	25 A, 10/1 000	30	X1−C
最大断続電圧	ITU−T Rec.K.17, 図1/K 17	10	X2−C X1−X2
4 kV, 1.2/50	2 kA, 8/20	10	

一つの極性で試験し，残りの半分は反対の極性で試験してもよい．

試験前及び印加試験終了後，SPD は，(a)，(b) 及び (c) の所要性能を満足しなければならない．

インパルス電流は，表 5.2.9 から選び，適切な端子に印加する．3 端子 SPD 及び 5 端子 SPD の場合，インパルス電流は，端子 X1-X2 に印加する．3 端子 SPD 及び 5 端子 SPD の試験の場合，防護していない側の各対の端子間（X1-C 及び X2-C）を同時に同じ極性又は別々に試験してもよい．

低電流ヒューズは，SPD の定格内で I^2t レベルの試験で小さいことを要求する場合がある．電流制限器は，最小保護負荷インピーダンス又は電圧（例えばガス入り放電管のアーク状態）で動作するように設計してもよい．要求がある場合，これを試験回路に加えなければならない．

5.3 SPD の試験波形

低圧配電システムに接続する SPD の試験波形及び通信・信号回線に接続する SPD の試験波形を次に示す．

5.3.1 低圧配電システムに接続する SPD の試験波形

低圧配電システム用の SPD に対する試験波形は，クラス I，II，III 試験にそれぞれ分類されており，前述のとおり SPD の内部構成によって試験に用いるインパルス波形が異なっている．表 5.3.1 に SPD クラス試験分類ごとの波形を，表 5.3.2 に各クラス試験分類で異なるポイントを，表 5.3.3 に試験に用いる波形の許容差をまとめる．

5.3.2 通信・信号回線に接続する SPD の試験波形

通信・信号回線用における波形分類は，電源のような試験クラスによる分類を行っていない．ITU-K シリーズで規定しているのは，電圧波形（括弧内は電流波形）が 10/700（5/300）は，通信ポートに対するもので，1.2/50（8/20）

5.3 SPDの試験波形

表 5.3.1 SPDクラス試験ごとの波形分類

SPDの試験クラス	測定制限電圧	動作責務試験	
		前処理試験	
クラスI	測定制限電圧 電圧波形 1.2/50 （スイッチング素子を含む場合に実施する.） 残留電圧測定電流波形 8/20	電流波形 8/20	電流波形 10/350
クラスII			電流波形 8/20
クラスIII	コンビネーション開放 電圧波形 1.2/50 短絡電流波形 8/20 充電電圧と出力電流の比が2Ω		コンビネーション波形

表 5.3.2 各クラス試験分類で異なるポイント

SPDの試験クラス	残留電圧測定 試験波形は8/20のインパルス電流を用いる.	動作責務試験 U_c 課電状態で実施する.	
		前処理試験	
クラスI	I_{peak} (I_{imp} のピーク値)かI_nのいずれか大きい方まで印加して最大電圧値を計測し用いる.	同左	I_{imp} を用いる.
クラスII	I_n の2倍まで印加してI_nまでのデータの中から最大電圧値を用いる.	I_n を用いる.	I_{max} を用いる.
クラスIII	コンビネーション波形 U_c を課電した状態で試験インパルスの印加はU_cの90°と270°で行う.	U_{oc} をI_n に換算して実施	コンビネーション波形にてU_{oc}を用いる.

表 5.3.3 試験に用いる波形の許容値

波形	10/350	8/20	1.2/50	コンビネーション波形	
				1.2/50	8/20
ピーク値	I_{peak} ± 10% Q ± 10%で規定している.	± 10%	± 3%	± 3%	± 10%
波頭長		± 10%	± 30%	± 30%	± 10%
波尾長		± 10%	± 20%	± 20%	± 10%

は電源ポートに適用するものとして規定している．

一方，JIS C 0367-1 では，直撃雷が通信線路に分流する電流値を最大で全雷電流の5％としている．直撃雷を想定している建築物等の通信線路用のSPDには JIS C 5381-21 における表3（本書の表5.2.3）のカテゴリ D1 の適用が考えられる．ただし回線数によって1線当たりの分流電流が異なるので，この場合，5％の雷電流を通信線路の線数で除した値の電流耐量を SPD がもつことが必要である．

通信用の SPD にクラス分類はないが，あえて分類するのであれば，この直撃雷の分流用の SPD が電源用 SPD のクラス I 試験対応 SPD に該当し，他の SPD がクラス II・III 試験対応の SPD に該当する．

通信線路は電源線路に比べて線路インピーダンスが大きいため，通信用 SPD は一般的に波形の波尾が長く，ピーク値が小さいもので評価される（通信用 SPD においては，クラス III 試験対応 SPD は SPDC が該当する場合が多い．）．

表5.3.4，表5.3.5に情報通信用 SPD の試験に用いるインパルス波形をまとめる．

表5.3.4 情報通信用 SPD のカテゴリ分類ごとに用いられるインパルス波形

カテゴリ	開回路電圧と波形	短絡回路電流と波形
A1	≧1 kV　0.1～100 kV/s の上昇率	10 A　0.1～2 A/ms≧1 000 μs（持続時間）
A2	交流　表5.2.5 から試験を選択	
B1	1 kV　10/1 000	100 A　10/1 000
B2	1 kV 又は 4 kV　10/700	25 A 又は 100 A　5/300
B3	≧1 kV　100 V/μs	10 A, 25 A 又は 100 A　10/1 000
C1	0.5 kV 又は 1 kV　1.2/50	0.25 kA 又は 0.5 kA　8/20
C2	2 kV, 4 kV 又は 10 kV　1.2/50	1 kA, 2 kA 又は 5 kA　8/20
C3	≧1 kV　1 kV/μs	10 A, 25 A 又は 100 A　10/1 000
D1	≧1 kV	0.5 kA, 1 kA 又は 2.5 kA　10/350
D2	≧1 kV	1 kA 又は 2.5 kA　10/250

5.3 SPDの試験波形

表 5.3.5 波形の許容差

波　形	1.2/50 又は 10/700 開放電圧	8/20 又は 5/300 短絡電流	他の波形
波高値	±10	±10	±10
波頭長	±30	±20	±30
波尾長	±20	±20	±20

165

6. SPD用部品（SPDC）の特徴と選定及び所要性能試験方法

この章では，JIS C 5381-311，-321，-331，-341 及び関連する事項について記述する．第5章で述べたSPDを構成する具体的かつ主要なSPDCは，GDT，ABD，MOV，TSSの4部品である．

SPDCは，雷サージ防護性能はもちろん重要であるが，平常時には通信・信号伝送に影響を与えないよう，伝送損失の考慮も重要である．これらの主要動作ポイントを図6.1.1に，また対応する用語を表6.1.1に示す．

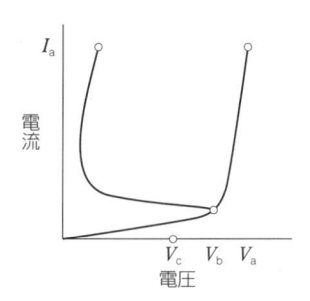

図6.1.1 SPDCの主要動作ポイント

表6.1.1 SPDCの主な動作ポイントにおける用語

	GDT	ABD	MOV	TSS
サージ電流耐量 I_a	公称インパルス放電電流	非繰返しインパルス電流	単一インパルスピーク電流	非繰返しピークインパルス電流
サージ通電時の電圧 V_a	インパルス放電開始電圧	クランピング電圧	制限電圧	ブレークオーバ電圧
動作開始電圧 V_b	直流放電開始電圧	ブレークダウン電圧	公称バリスタ電圧	ブレークダウン電圧
電圧印加時の絶縁 V_c	絶縁抵抗	待機電流（逆方向漏れ電流）	待機電流	オフ電流（繰返しピークオフ電流）
静電容量	静電容量	静電容量	静電容量	静電容量

6. SPDCの特徴と選定及び所要性能試験方法

静電容量を除き，各部品により用語と定義が異なっているので，設計及び使用時には注意が必要である．また，1 SPDが1 SPDCで構成される場合は，SPDの動作ポイントとSPDCの動作ポイントは全く同じになるが，SPDとSPDCの動作点の用語と定義も異なっていることから，設計及び使用時には注意が必要である．

雷サージ防護デバイスを構成する部品には，その動作特性で大別してスイッチング形と電圧制限形の2種類がある．以下にスイッチング形と電圧制限形について解説する．

スイッチング形の特徴は，動作電圧を超える過電圧が印加されると低電圧にスイッチして，低インピーダンスとなる［図6.1.2 (a)］．このタイプにはGDTやTSSがある．低インピーダンスかつ低電圧になることで電流耐量が大きくとれ，また静電容量を小さくすることができる．電源線路に使用する場合には続流に注意を要する．このタイプはスイッチング特性をそろえることが困難であることから，並列接続しても電流耐量を増加することができない．

電圧制限形の特徴は，動作電圧を超える電圧が印加されると電圧をほぼ定電圧に制限する［図6.1.2 (b)］．スイッチング形とは異なり，低電圧にはならないため，続流を考慮することなく電源線路に使用できる．静電容量が比較的大きいので，通信線路に適用する場合には伝送損失の注意を要する．このタイプにはMOVやABDがあり，同じ動作電圧のデバイスを並列接続することで分流し，電流耐量を増加することができる．

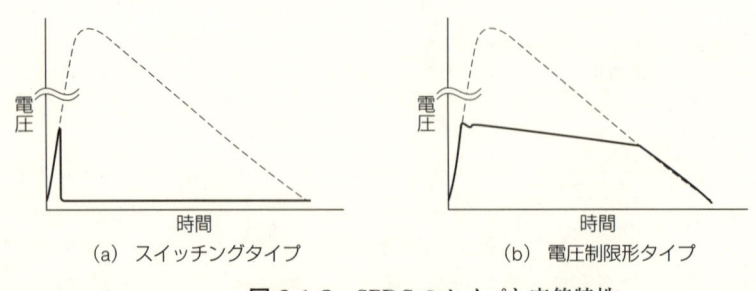

(a) スイッチングタイプ　　(b) 電圧制限形タイプ

図6.1.2　SPDCのタイプと応答特性

6.1 ガス入り放電管（GDT）

表6.1.2　各種SPDCの特徴

タイプ	種類	サージ抑圧特性	サージ応答特性	サージ耐量	静電容量
スイッチング形	GDT	△	△	◎	◎
	TSS	◎	◎	○	○
電圧制限形	MOV	○	○	○〜◎	△
	ABD	◎	◎	△	△

◎：特に優れている　　○：優れている　　△：劣る

上記4種類のSPDCの特徴を，表6.1.2に示す．

SPDCの使用条件として，GDTは通常セラミックスにより機密封じされていることから，温度・気圧・湿度の影響を受けにくいので，周囲温度−40〜70℃，気圧と湿度に対する規格はない．一方，半導体素子であるABD及びTSSは温度・気圧・湿度に対して影響されやすいことから，標準使用条件では周囲温度0〜70℃，気圧86〜106 kPa，相対湿度20〜75％であり，拡張環境条件では周囲温度−40〜85℃，気圧70〜106 kPa，相対湿度10〜95％である．MOVは，標準使用の温度範囲が−5〜55℃，気圧86〜106 kPa，湿度は25℃で93％未満の相対湿度である．拡張環境条件における使用の温度範囲は，−40〜85℃である．

6.1 ガス入り放電管（GDT）

6.1.1　GDT（Gas Discharge Tube）の特徴とその選定方法

2004年にJIS C 5381-311（IEC 61643-311対応）が制定され，これまでGDT製造業者の独自条件や個別規格で記載されていた仕様値が同じ条件で測定された数値になり，比較が容易になり，使用者にとって便利になった．

（1）GDTの概要

GDTは，一般的に金属電極とセラミックス等の絶縁物から形成されており，電極間の気中放電によって雷サージなどの異常電圧をEBB（Equipotential Bonding Bar：等電位ボンディングバー）又は大地へと放流することで機器を防護する

168   6. SPDCの特徴と選定及び所要性能試験方法

雷サージ防護デバイス用部品である．

その特性は電極放電面に付加する陰極物質や封入するガスの種類及び電極間距離により設計される．一般的に放電しやすくするために電極間に封入されるガスは大気圧より低く設計されているものが多い．

GDTの構造例を図6.1.3に，またGDTの図記号を図6.1.4に示す．

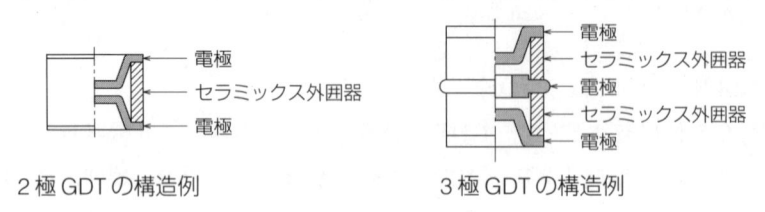

図6.1.3 GDTの構造例

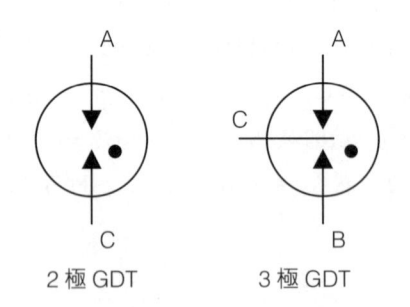

2極GDT　　　3極GDT

図6.1.4 GDTの図記号（JIS C 5381-311 図1，図2）

(2) GDTの特徴

① 動作電圧を超える電圧が加わると，低電圧にスイッチして低インピーダンスとなる．この特性をもつため，SPD内の多段防護回路への適用が容易であり，多段防護型に用いられる場合はSPDのI_{max}やI_{imp}の性能は搭載するGDTの性能に依存する．

低電圧にスイッチングするため電源線路のような箇所へ使用する場合には続流を考慮する必要がある．

② 気中放電を利用しているため，印加される電圧の立ち上がり峻度によ

って動作電圧が異なる（図6.1.5）．GDT単独での使用の場合はこの特性に注意を要する．

③ 堅牢な構造とその特性から他のサージ防護デバイス用部品と比べて大きな電流耐量（例えば，直径8 mmタイプのものは電流波形8/20で10 kA）をもつ．

④ 電流耐量が大きいため適用場所（LPZ；Lightning Protection Zone：雷保護領域）が広範囲である．

⑤ 堅牢な構造のため長寿命である．

⑥ 安価で高品質である．GDTはサージ防護用に古くから使用されているため，製造や品質管理のノウハウが十分に蓄積されている．

⑦ その構造から静電容量が2 pF以下と小さいため，低伝送損失が求められる高速伝送の通信方式への適用が可能である．

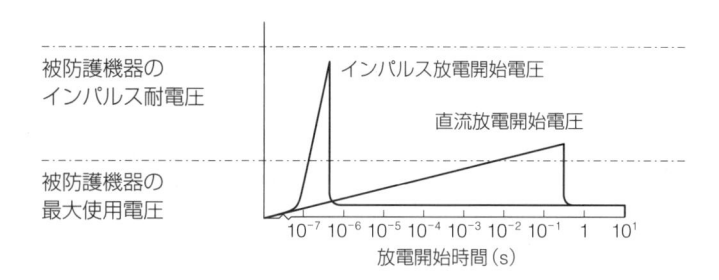

図6.1.5 GDTの放電開始電圧

(3) GDTの使用上の選択・選定方法

GDTを選定するために必要なGDTの主要特性として，放電開始電圧，線間電圧，絶縁抵抗，静電容量，直流ホールドオーバ電圧，電流通電耐量の所要性能がある．

（a）放電開始電圧 この性能は多段防護以外の方法でGDTを用いたSPDの電圧防護レベルU_pを決定するために重要なパラメータである．

図6.1.5にGDTを選定する上で必要なGDTの放電開始電圧と被防護機器のインパルス耐電圧と被防護機器の最大使用電圧の関係を示す．

選定基準は，
> ① 被防護機器のインパルス耐電圧より低いインパルス放電開始電圧のGDTを選定する．
> ② 被防護機器の最大使用電圧より高い直流放電開始電圧のGDTを選定する．ただし，GDTの直流放電開始電圧は一般的に±20％程度ばらつきがあるので仕様書やカタログを確認することが必要である．

(b) 絶縁抵抗 JIS C 5381-311では公称直流放電開始電圧が90V及び150Vの場合はDC 50Vにて100 MΩ以上，それ以上の公称直流放電開始電圧のものはDC 100Vにて100 MΩ以上としている．選定基準はこれに準拠するものを選定する．

(c) 静電容量 この性能は通信線路にGDTを用いる際に通信信号の伝送損失の目安となるものである．JIS C 5381-311では測定条件1 MHzにて20 pF以下としているので選択する上での目安となる．場合によってはGDTの使用を検討している通信線路の周波数帯域で問題のないことを確認することが必要である．広く流通しているものは数ピコファラッド（pF）のものが多い．

(d) 線間電圧 この線間電圧の最大値が被防護機器の線間耐電圧に対して十分低いものを選定する．

例えば，平衡ペアケーブルに3極GDTが用いられている場合，雷サージは同相で侵入してくるからL1-EとL2-Eのギャップは理想的には同時に動作すれば線間には電圧が発生しない．しかし，実際には同時動作することが困難であり，ごくわずかな時間は線間電圧が発生してしまう．

実際に3極GDTのA-C間，B-C間に10/200 μs 5 kVのサージを印加したときの動作例と線間電圧例を図6.1.6に示す．

図6.1.6 (a) の例では，ギャップA-C間に対して，ギャップB-C間がやや遅くブレークオーバするため，その差分が同図 (b) のような線間電圧となる．

JIS C 5381-311では線間電圧の最大値を試験成績書に記載することになっており，これに準拠するGDTはこの数値を測定している．この規格では最初に放電したギャップと次に放電したギャップとの間の放電開始時間の差異は

6.1 ガス入り放電管（GDT）

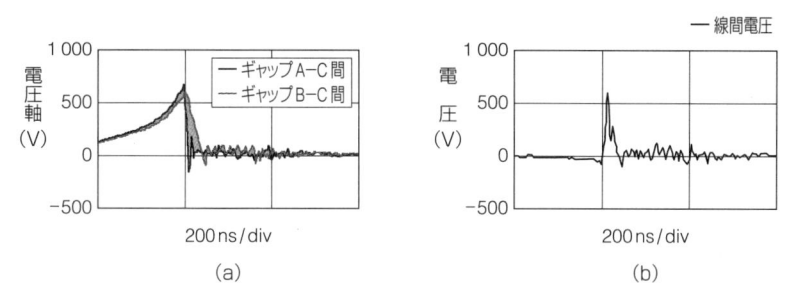

（グラフ (a): 電圧軸(V), ギャップA-C間, ギャップB-C間, 200ns/div）
（グラフ (b): 電圧(V), 線間電圧, 200ns/div）

図 6.1.6 3極GDTの動作例

200nsを超えてはならないと規定している．この時間は極力短い方がよい．

（e）直流ホールドオーバ電圧 この性能は，課電されている通信方式において，GDTが動作してサージ通過後に，続流を遮断して元の通信可能状態に戻ることを確認するためのものである．

GDTが放電開始して低インピーダンス状態に移行し，雷サージが消失した後に元の高インピーダンス状態へ自己復帰しなければ，通信・信号が断の状態となり，GDTそのものも破損することがある．

JIS C 5381-311では直流電圧として52V，80V，135Vを規定している．この電圧と合わせて直流電圧源とGDTの間に直列に抵抗を入れる条件になっている．GDTを短絡回路に置き換えて，その抵抗から換算すると52V・200mA，80V・242mA，135V・104mA，135V・300mAとなる．いずれの条件でもサージ印加後150ms以内に復帰することとされている．GDTの使用を検討している線路電圧，線路の定格電流とこの直流ホールドオーバ電圧との比較により選定する．

（f）電流通電耐量の所要性能 GDTの設置される場所が直撃雷を想定しているのかどうかを確認し，直撃雷の分流を想定する場合はJIS C 0367-1では通信線路への分流は5％としている．これに基づき同規格で想定している直撃雷の電流値によって通信線路へ分流する電流値を表6.1.3に示す．

表6.1.3の通信線路への分流電流から，引き込まれているケーブルの数で割ったものがGDTに必要な電流値となる．

6. SPDCの特徴と選定及び所要性能試験方法

表6.1.3 保護レベルと最大雷撃電流及び通信線路への分流電流

保護レベル	最大雷撃電流	通信線路への分流電流
I	200 kA	10 kA
II	150 kA	7.5 kA
III	100 kA	5 kA

　例えば，保護レベルIの場合200 kAでペアケーブルが10回線引き込まれている場合，1線当たりに分流する電流は，

$$10 \,\mathrm{kA}\,(200 \,\mathrm{kA}\,の5\%)\,/\,20\,(ケーブルの数) = 500 \,\mathrm{A}$$

となる．以上を参考に，表6.1.4から選択する．

　直撃雷を想定しない場合には，例えば大電流耐量型の半導体サージ防護デバイスだけでも防護可能な場合が多い．最近では過去の落雷累積情報の提供をしている企業もあるので，そのような情報も参考にしてSPDの選択を行うのがよい．

表6.1.4 JIS C 5381-311に記載のクラス別の電流通電耐量
　　　　　(JIS C 5381-311 表4)

クラス	公称交流放電電流 15〜62 Hz で1秒10回 (A)	公称インパルス放電電流 8/20 10回([1]) (kA)	公称インパルス放電電流 10/350 1回 (kA)	試験電流のピーク値 (A)	n回での寿命試験 電流波形 10/1 000	n回での寿命試験 電流波形 6/310([2])
1	0.05	0.5		1	n = 300	—
2	0.1	1.0		5	n = 300	—
3	2.5	2.5	1	50	n = 300	n = 500
4	5	5	2.5	50	n = 300	n = 500
5	10	10	4	100	n = 300	n = 500
6	20	10	4	100	n = 300	n = 500
7	20	20	4	200	n = 300	n = 500
8	30	10	4	100	n = 300	n = 500
9	40	20	4	200	n = 300	n = 500

注 ([1]) 試験回数は，増やしてもよい．例えば20回．
　　([2]) 開回路での電圧波形は，JIS C 61000-4-5及びITU-T Rec. K.20による10/700．

6.1 ガス入り放電管（GDT）

（g）電流通電耐量試験後の GDT の諸特性 GDT は動作の都度電極表面の陰極物質がスパッタリングにより何らかの変化が生じている．JIS C 5381-311 では電流通電耐量試験後の GDT の性能として，放電開始電圧の範囲を表 5 に規定しており，これを満足することを確認する．また，絶縁抵抗についても（b）の測定条件にて 10 MΩ 以上でならなければならないとされている．この数値が満足されていることを確認することは当然として，極力変動が少ない GDT を選ぶのがよい．

（h）その他の使用上の注意点 近年の製品小型化の流れは GDT も同様で，表面実装型の小型 GDT も流通している．実装スペースと組立工数の面では装置の小型化，低価格に貢献しているが，使用する上では基板配線の通電容量や配線の取回しに注意を要する．

基板実装で使用する場合，以下の点に注意を要する．

・配線長のインダクタンス（配線パターンは極力曲げをなくし，短くする．）
・配線パターンの通電容量（実装する GDT の電流耐量や想定している雷サージ電流に見合ったパターン断面積が必要）

GDT 単独ではその性能に限りがあることから，他の雷サージ防護デバイス用部品等と組み合わせて使用することにより，SPD として性能向上が可能である．

6.1.2 GDT の所要性能試験方法

これまで GDT の性能は，製造業者独自の条件や ITU-T 等の様々な規格で表されてきた．そのため比較が困難であったが，JIS C 5381-311 の制定によって試験方法が各製造業者で同一条件となり，性能比較が可能になった．以下に SPD の特性を左右する GDT の所要性能の試験方法を解説する．

（1）直流放電開始電圧

前述のように GDT の放電開始電圧は，GDT に印加する電圧の立ち上がり峻度に依存する．JIS C 5381-311 ではこの電圧の上昇峻度を 100 V/s ± 10 % としており，この測定に当たっては，供試品である GDT は課電しない状態で暗所

に24時間以上放置する（電圧の上昇峻度は製造業者と使用者間でお互いの同意によって2kV/sまで変えることができる．）．

供試品の各端子に上記の電圧を加えピーク電圧計又は10 MΩ以上のインピーダンスのオシロスコープを用いて端子間電圧を測定する．各端子間の測定は1秒以上のインターバルで行い，測定値はJIS C 5381-311の表1の範囲内でなければならない．3極又はそれ以上の電極をもつGDTの測定時には測定しない電極間を短絡してはならない．試験回路はJIS C 5381-311を参照するとよい．

(2) インパルス放電開始電圧

試験はJIS C 5381-311の試験回路を用いて，電圧の立ち上がり峻度が1 000 V/μs ± 20％となるように調整する．供試品の各端子にこの電圧を加え，ピーク電圧計又は10 MΩ以上のインピーダンスのオシロスコープを用いて端子間電圧を測定する．各端子間の測定は1秒以上のインターバルで行い，測定値はJIS C 5381-311の表1の範囲内でなければならない．3極又はそれ以上の電極をもつGDTの測定時には測定しない電極間を短絡してはならない．ここで測定する電圧が，実際に雷サージなどの異常電圧が線路などを通じてGDTで保護された負荷に加わる最大電圧にほぼ近い数値となる．この測定を行う供試品は電圧を課電しない状態で暗所に15分間以上放置する．

(3) 絶縁抵抗

公称直流放電開始電圧が90 V及び150 VのGDTは，DC 50 Vで測定する．それ以上の公称直流放電開始電圧のものはDC 100 Vにて測定し，JIS C 5381-311の6.1.2のとおり100 MΩ以上でならなければならない．測定にはMΩ計などを使用する．

ここでの基準を満たさないものは，電極間のセラミックス等の絶縁物表面に何らかの汚れが付着している可能性が大きく，長期信頼性能を保てない可能性がある．また，動作時の放電による絶縁物の内壁へのスパッタリングによる劣化も考えられる．

(4) 静電容量

GDTはその構造と材料によって他の雷サージ防護デバイス用部品に比べて静

電容量が小さいので，比較的高周波を用いる通信の雷サージ防護用として適している．GDTの静電容量の測定はすべての端子間を1 MHzで測定して20 pF以下であることを確認する．3極又はそれ以上の電極をもつGDTの測定時には，測定しない電極間を短絡してはならない．測定にはLCRメータなどを使用する．

(5) 線間電圧

線間電圧の時間及び振幅は3極GDTで1 000 V/μsの電圧立ち上がり峻度のインパルスを両方のギャップに同時に印加する．それぞれのギャップ間をオシロスコープで測定して差電圧を計測する．最初に動作したギャップと次に動作したギャップとの間の放電開始時間の差異は200 nsを超えてはならない．

試験回路を図6.1.7に示す．

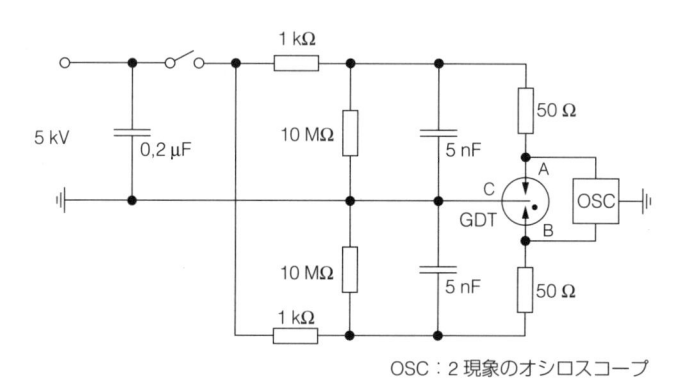

図6.1.7 線間電圧の試験回路 (JIS C 5381-311 図7)

(6) 直流ホールドオーバ電圧

この試験に用いる試験回路と試験回路の定数はJIS C 5381-311に規定しているものを用いて試験する．GDTの直流ホールドオーバ電圧は，試験回路，試験条件に依存する．供試品であるGDTがどのような条件で試験されているのかをカタログや仕様書で確認する必要がある．

この試験は直流電圧をGDTに課電しておき，課電されている電圧と同じ極性のインパルス電流（10/1 000 μs又は6/310 μsの100 A）を印加して，150 ms以内に課電されている直流電圧に復帰することを確認するものである．

6. SPDCの特徴と選定及び所要性能試験方法

試験は3回のインパルス電流を，各インパルス電流印加のインターバルが1分以内になるように実施する．

図6.1.8にこの試験の概略回路を，図6.1.9にこの試験で得られる電圧特性の観測例を示す．

3極GDTの場合，規定されている電流値のインパルスを両サイドの電極から中間電極へ同時に通電して試験する．

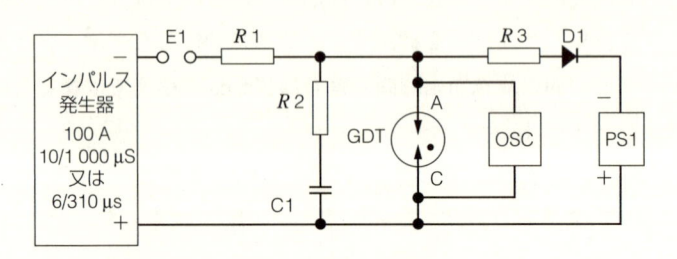

OSC ：オシロスコープ
R1 ：インパルス電流制限抵抗又は波形調整回路
PS1 ：定電圧直流電源又はバッテリ
R2 ：JIS C 5381-311の表2参照
E1 ：絶縁用ギャップ又はこれと同等の装置
R3 ：JIS C 5381-311の表2参照
D1 ：絶縁ダイオード又はその他の絶縁装置
C1 ：JIS C 5381-311の表2参照

図 6.1.8 2極GDTの直流ホールドオーバ試験回路
(JIS C 5381-311 図8)

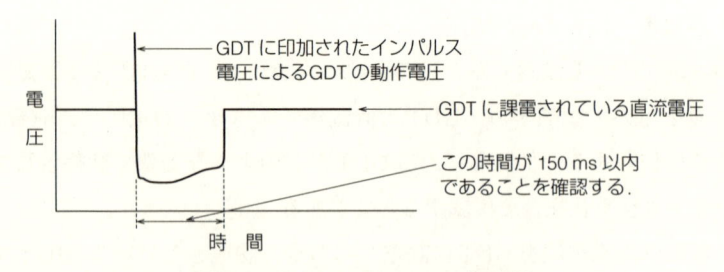

図 6.1.9 図6.1.8における観測例

6.1 ガス入り放電管（GDT）

(7) 公称交流放電電流試験の回路及び試験方法

供試品であるGDTが表6.1.4のクラス別の電流通電耐量のどのクラスに該当するかを確認する．供試品には未使用のGDTを用いる．その交流電流となるようにGDTを短絡回路に置き換えて負荷抵抗Rを調整する．交流電圧の実効値はGDTの公称直流放電開始電圧の1.5倍以上とする．3極GDTの場合，規定されている電流値のインパルスを両サイドの電極から中間電極へ同時に通電して試験する．2極GDT用と3極GDT用の試験回路を図6.1.10，図6.1.11に示す．

試験終了後1時間以内に放電開始電圧と絶縁抵抗を測定して通電後の所要性能を満足していることを確認する．

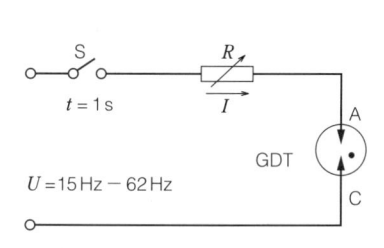

I：公称交流電流
R：負荷抵抗（U/I）
S：スイッチ

図6.1.10 2極GDTの公称交流放電電流の試験回路
（JIS C 5381-311 図10）

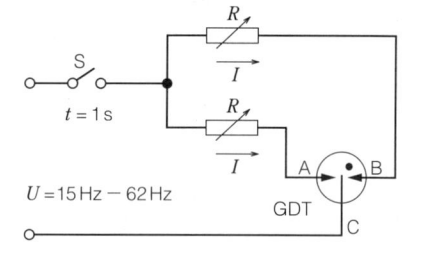

I：公称交流電流
R：負荷抵抗（U/I）
S：スイッチ

図6.1.11 3極GDTの公称交流放電電流の試験回路
（JIS C 5381-311 図11）

(8) 8/20 µsの公称インパルス放電電流の試験方法

供試品であるGDTが表6.1.4のクラス別の電流通電耐量のどのクラスに該当するかを確認し，GDTを短絡回路に置き換えて出力電流を調整する．供試品には未使用のGDTを用いる．各インパルス電流の印加間隔はGDTの温度蓄積がないような時間に設定する．3極GDTの場合，規定されている電流値のインパルスを両サイドの電極から中間電極へ同時に通電して試験する．試験回路例を図6.1.12，図6.1.13に示す．

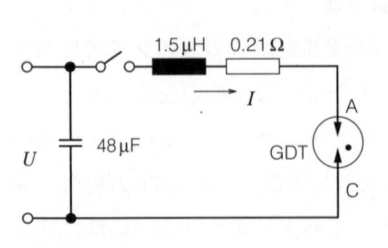

178　　6. SPDCの特徴と選定及び所要性能試験方法

U：直流 5 kV
I：ピーク値 10 kA，8/20 μs の波形

図 6.1.12　2 極 GDT の 8/20 μs の
　　　　　　公称インパルス放電電
　　　　　　流の試験回路例
　　　　　　（JIS C 5381-311　図 12）

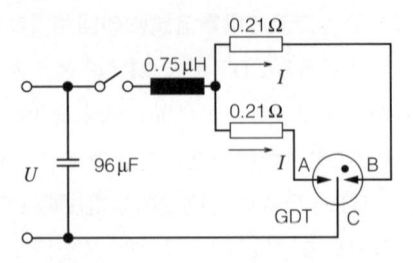

U：直流 5 kV
I：片極当たりのピーク値 10 kA，8/20 μs の波形

図 6.1.13　3 極 GDT の 8/20 μs の公称イ
　　　　　　ンパルス放電電流の試験回路
　　　　　　例（JIS C 5381-311　図 13）

　試験終了後 1 時間以内に放電開始電圧と絶縁抵抗を測定して通電後の所要性能を満足していることを確認する．

（9）10/1 000 μs のインパルス放電電流での寿命試験方法

　供試品である GDT が表 6.1.4 のクラス別の電流通電耐量のどのクラスに該当するかを確認し，GDT を短絡回路に置き換えて出力電流を調整する．供試品には未使用の GDT を用いる．各インパルス電流の印加間隔は GDT の温度蓄積がないような時間に設定する．3 極 GDT の場合，規定されている電流値のインパルスを両サイドの電極から中間電極へ同時に通電して試験する．試験終了後 1 時間以内に放電開始電圧と絶縁抵抗と直流ホールドオーバ電圧の性能を確認する．製造業者と使用者間で合意があれば適切な印加回数ごとに放電開始電圧と絶縁抵抗を確認してもよい．試験回路を図 6.1.14，図 6.1.15 に示す．

　試験終了後 1 時間以内に放電開始電圧と絶縁抵抗を測定して通電後の所要性能を満足していることを確認する．

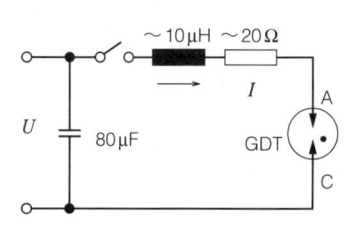

6.2 アバランシブレークダウンダイオード(ABD)　　　179

U：直流2kV又は任意
I：ピーク値100A，10/1000μsの波形

図6.1.14　2極GDTの10/1000μs
の試験回路例
（JIS C 5381-311　図14）

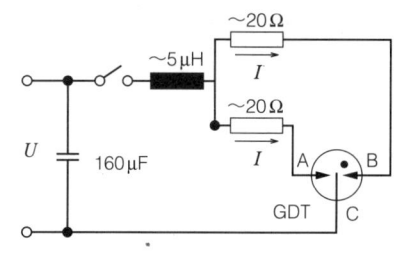

U：直流2kV又は任意
I：片極当たりピーク値100A，10/1000μsの波形

図6.1.15　3極GDTの10/1000μsの試験
回路例（JIS C 5381-311　図15）

6.2　アバランシブレークダウンダイオード(ABD)[*]

6.2.1　ABDの特徴とその選定方法

2004年にJIS C 5381-321がIEC 61643-321に対応する形で制定された．JIS C 5381-321は以下のように構成されている．

・用語・記号及び定義
・基本機能・外形及び部品構造
・使用条件及び故障モード
・定格及び特性試験

なお，当該規格はABD部品の試験方法を規定するものであり，個別ABD製品の各個別用途に適応する具体的規格等に関しては設計者の選択及び対応規格等から選択することになる．

(1) ABDの概要

ABDは，半導体のPN接合のアバランシブレークダウン動作を利用したダイオードであり，過渡電圧を制限し，サージ電流を分流するように設計されたSPDCである．なお，クランピング電圧が6V以下のものはツェナーダイオー

---

[*] Avalancheの日本語表記に関しては，アバランシェ及びアバランシ表記が一般に使用されるが，JISでは学術用語として主流のアバランシを採用する．

ドと呼ばれ，動作メカニズムとしては，アバランシ動作よりも正確には PN 接合のトンネル電流機構が支配的ではあるが，この ABD 分類に含める場合がある．これら部品は SPD の構成部品（SPDC）として使用される．当該規格の試験仕様は，2 端子からなる ABD 単体用のものであるが，複数の ABD の場合は，ダイオードアレイと定義する一つのパッケージ内に組み立てられることもある．また ABD には，片方向型のほか，双方向型の種類も含まれる．

なお，アバランシブレークダウンダイオード（ABD）の一般呼称として，過電圧保護ダイオード，パワーツェナーダイオード，定電圧ダイオード等と呼ばれる場合もある．

図 6.2.1 に ABD シリコンチップの基本構造例，図 6.2.2 に ABD 実装パッケージの内部構造図例，また図 6.2.3 に ABD 電流電圧静特性波形例を示す．

ABD の用途としては，通信線・電源線の雷サージ防護用途のほか，車載ロードダンプサージ保護，ESD 保護用途及び基準電圧検出用途等で使用され，適応製品は各用途向けに製品化されている．ABD は過電圧の抑圧特性に優れ，

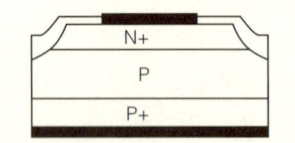

図 6.2.1 ABD シリコンチップの基本構造例

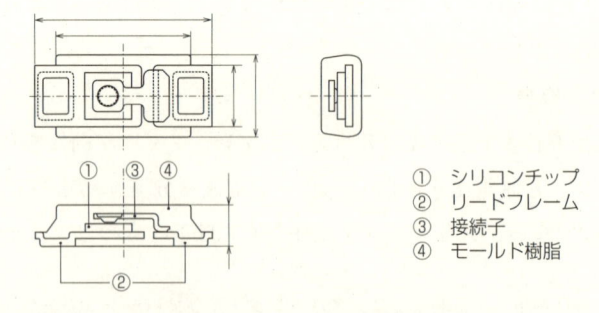

図 6.2.2 ABD の内部構造図例

① シリコンチップ
② リードフレーム
③ 接続子
④ モールド樹脂

6.2 アバランシブレークダウンダイオード(ABD)　　　　181

細かい抑圧電圧クラス分類も可能で高精度な過電圧抑圧安定性が要求される通信・信号線路に接続される高精度電子機器の過電圧抑圧用途として広く使用される．ただし，サージ防護用途としてのサージ耐量は他のGDT及びTSSに比較して弱いため，雷サージ用途等では，二次防護・三次防護，すなわち多段回路後段の2段目，3段目として使用される．クランピング電圧レベルとしては，数ボルト～数百ボルトレベルまで，また1msパルス条件でのワット耐量表記した場合のピークインパルス電力損失レベルでは，0.1W/1msパルスレベル以下から7000W/1msパルスレベル以上までが製品化されている．

(2) ABDの特徴

(a) 利点　ABDは，安定した抑圧特性に優れる．クランピング電圧の設計制御性のよさから数ボルト間隔(場合によっては，それ以下)でのクランピング電圧の設定が可能であり，クランピング電圧クラスにおいて数ボルトクラス品から600Vクラス品程度までの細かい設定電圧での品種展開製品化がなされている．また各種実装パッケージが選択できることも半導体部品であるABDの利点ともいえる．図6.2.4にABD製品パッケージ外形例を示す．設計者は，用

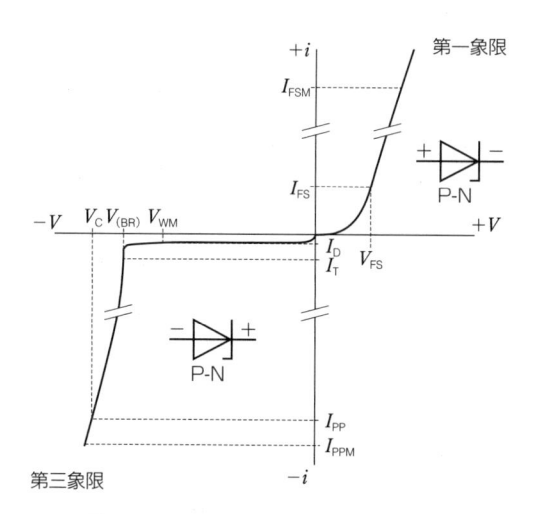

図 6.2.3　ABD電流電圧静特性波形例
(JIS C 5381-321　図1)

図 6.2.4　ABD パッケージ外形例

途及び実装基板スペース等の条件から ABD の適合するパッケージを選択することができる．

(b) 注意点

(i) 整流ダイオードと ABD の差異　ブリッジ回路等で使用される PN 整流ダイオードと ABD は，共に PN 接合を利用した素子である点で共通している．しかし整流ダイオードは，順方向オン通電・逆方向オフ遮断での整流用としての使用であり，PN 逆方向アバランシ領域での通電で使用することはない．それに対し ABD は PN 逆方向のアバランシ電圧／アバランシ領域でのサージ通電の使用であり，使用目的は全く異なるものである．それぞれの用途向けに構造強化等改善がなされた製品であり，使用者も正しく使い分けをすべきである．

(ii) 温度特性　ABD は半導体部品であり，各電気的特性項目において温度特性をもつことに留意すべきである．また，6.2.2 項に示すブレークダウン電圧及び待機電流特性の各温度特性には特に注意すべきで，実回路での動作温度範囲を考慮して各特性仕様を選択決定する必要がある．なお，これら温度特性図は製品種ごとに製造業者により提供される．

(iii) オーバシュート電圧　装置の配線長及び素子のリード長による L 分が，急峻な di/dt サージ波形入力でのオーバシュート電圧が装置に影響を与えることに注意する必要がある．すなわち $L \times di/dt$ によるオーバシュート電圧の影響である．この影響を低減させるには，装置の配線長及び素子のリード長を極力低減させることが必要である．

6.2 アバランシブレークダウンダイオード（ABD）

(iv) ABDの破損モード　過電圧試験等では印加電圧2 kV, 4 kV, 8 kV, 15 kV等表記のため, ABD素子も過電圧で破損するかのように誤解されることがあるが, ABDはPN接合で制御されるバイポーラデバイスであり, 基本的に2端子間に過電圧印加の場合, 設定値でアバランシブレークダウンを起こすため過電圧破損することはない. 過電圧クランピング後のABDに流れる過電流がABD電流耐量以上の場合に破損することになる[*]. その意味でサージ試験回路では, 試験機の開放電圧以外に回路の電流値を決める回路抵抗R値が重要となることに注意すべきである.

（3）ABDの選択・選定方法

実際に適合するABD部品を選定するに際しては, 使用条件により, 各種ABD部品仕様から選択することになる. 一般的な選定簡易フローを図6.2.5に示す.

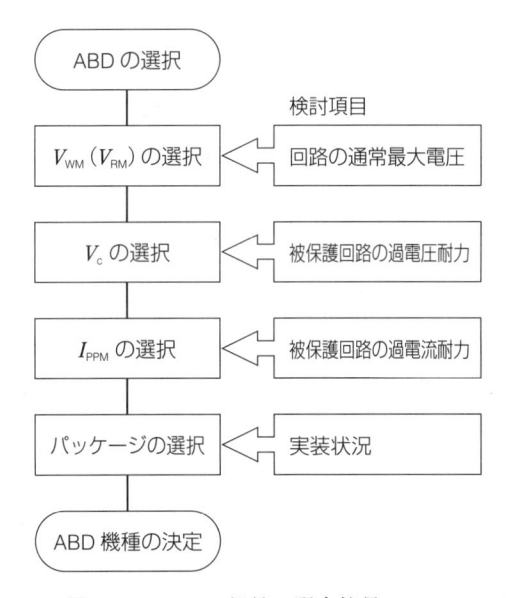

```
ABDの選択
   ↓
$V_{WM}$ ($V_{RM}$)の選択 ← 回路の通常最大電圧    検討項目
   ↓
$V_C$の選択 ← 被保護回路の過電圧耐力
   ↓
$I_{PPM}$の選択 ← 被保護回路の過電流耐力
   ↓
パッケージの選択 ← 実装状況
   ↓
ABD機種の決定
```

図6.2.5　ABD部品の選定簡易フロー

---

[*] 半導体デバイスには, ABDのようなPN接合バイポーラデバイスのほかにMOS-FETデバイスがある. MOS-FETデバイスの場合, 過電流破損のほかに過電圧破損しやすいことに注意すべきである.

6.2.2 ABDの所要性能試験方法

ここでは，使用者，設計者，製造業者の立場から必要とする所要性能試験方法に関して注意点を記述する．なお，6.2.1項でも記述したが，JIS C 5381-321はABD部品の試験方法のみを規定するものであり，個別ABD製品の各用途に適応する具体的所要性能規格値に関しては別途選択する必要がある．また試料個数及び試験判定条件等に関しては個別決定事項となるが，試料個数選択等に関してはJIS Z 9015-0等を参考にするとよい．

(1) クランピング電圧：V_c (clamping voltage)

規定する波形のピークインパルス電流を通電して測定するABDの電圧防護レベルである．試験電流波形は，特に要求がない限り，10/1 000 μs（又は8/20 μs）の波形を用いる．なお，この項目は，(2)の定格ピークインパルス電流とともに測定し，(3)定格ピークインパルス電力損失P_{PPM}を決定する．

(2) 定格ピークインパルス電流：I_{PPM} (rated peak impulse current)

ABDに通電が許容されるピークインパルス電流I_{PPM}の最大値を表す．規定した振幅及び波形条件での許容電流値で表記される．特に指定がない場合，電流波形条件としては10/1 000 μs（又は8/20 μs）が使用される．この項目は，前項のクランピング電圧とともに測定し，(3)の定格ピークインパルス電力損失P_{PPM}を決定する．

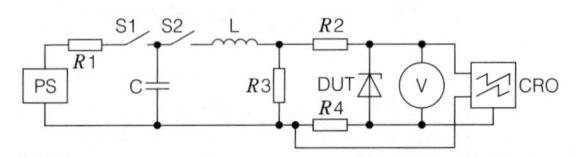

PS	：充電用電源	R2	：インパルス波形及び電流制限用抵抗
R1	：充電用抵抗	R3	：インパルス波形調整用抵抗
S1	：充電用スイッチ	R4	：電流測定抵抗（同軸形），カレントトランス又は適切な定格のプローブを用いてもよい
C	：インパルス波形調整用コンデンサ		
S2	：インパルス放電用スイッチ		
L	：インパルス波形調整用インダクタ	DUT	：供試品（ABD）
CRO	：電圧電流観測用オシロスコープ	V	：ピーク電圧計

図6.2.6 ABD部品のV_c及びI_{PPM}測定試験回路
(JIS C 5381-321 図2)

6.2 アバランシブレークダウンダイオード(ABD)

(3) 定格ピークインパルス電力損失：P_{PPM} (rated peak impulse power dissipation)

定格ピークインパルス電流 (I_{PPM}) とクランピング電圧 V_c との積を示す．

$$P_{\text{PPM}} = I_{\text{PPM}} \times V_c$$

この定格値は，各製品ごとに製造業者が指定する．測定は定格ピークインパルス電流及びクランピング電圧となる．通常 10/1 000 µs 波形パルス条件で示す．

この電力損失定格値は周囲温度の影響を受ける．すなわち温度上昇した場合，ピーク電力は低下することに注意が必要である．これらを考慮した温度軽減（ディレーティングカーブ）図は，製造業者から提供される．

ワット (/1 ms パルス) 表記にも，注意が必要である．正しくは 1 ms パルス印加条件でのクランプ電圧とピークインパルス電流の積を表記するもので，一般の電力ワット (W) と混同しないよう注意が必要である．また ABD を整流ダイオード表記として順方向電力ワット表記をしている場合（この場合，順方向電圧と順方向通電ピーク電流との積）もあるので特に注意が必要である．

(4) ブレークダウン電圧：$V_{\text{(BR)}}$ (breakdown voltage)

アバランシブレークダウン領域で，規定したパルス電流 $I_{\text{(BR)}}$（特に指定のない場合 1 mA 条件）を通電したときの測定電圧である．なお，この特性には温度依存性があるため，温度上昇の影響を考慮して通電時間は 40 ms 未満とする．

なお，特に温度影響を低減させることが要求される装置の場合，図 6.2.7 のように順方向ダイオードと組み合わせ温度補償回路構成方法とする場合もある．

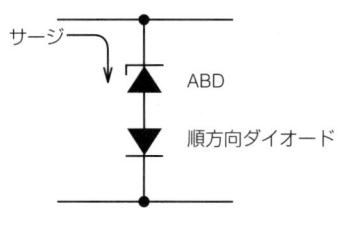

図 **6.2.7** 温度影響低減方法例

(5) 最大使用電圧 V_{WM} (maximum working voltage) 及び待機電流 I_D (stand-by current)

連続的に印加することのできる最大ピーク電圧．V_{RM} とも表し，定格スタンドオフ電圧ともいう．なお，最大使用電圧を印加時の両端子間を流れる最大電流は待機電流 I_D で，I_{RM} とも表し，漏電流とも呼ばれる．

(6) 静電容量 C_j (capacitance)

規定する周波数，直流バイアスレベル及び測定交流バイアスレベルで測定しなければならない．基本的に一般の ABD の場合，PN 接合が同面積の場合，ブレークダウン電圧の小さい製品ほど静電容量は高い．

(7) 熱抵抗 R_{th} (thermal resistance) 及び過渡熱インピーダンス $Z_{th(t)}$ (transient thermal impedance)

ABD 製品の通電による接合部温度 T_j は，次式で算出できる．

$$T_j = T_a + R_{th} \times P_w$$
$$P_w = V \times I$$

過渡時の温度上昇 ΔT_j は，過渡熱インピーダンス Z_{th} により次式で表される．

$$\Delta T_j = Z_{th(t)} \times P_w$$

なお，これら特性は，比較的長い印加時間での抑圧動作用途等では有用データとなるが，雷サージのような瞬時の短パルス入力の場合は，放熱によるサージ耐量への影響はほとんど無視できるため用いられない．

6.3 金属酸化物バリスタ (MOV)

6.3.1 MOV (Metal Oxide Varistor) の特徴とその選定方法

2006 年に JIS C 5381-331 が IEC 61643-331 に準拠する形で制定された．

(1) MOV の概要

MOV (金属酸化物バリスタ) には，ZnO, SiC, StTiO タイプなどのバリスタがあるが，現在，サージ防護デバイス用として，主に使用されているのは ZnO タイプである．ZnO Varistor (酸化亜鉛バリスタ) は，ZnO に Bi_2O_3, Co_2O_3,

6.3 金属酸化物バリスタ（MOV）

MnO₂他の金属酸化物を添加し，高温で焼結したセラミックスで，このセラミックスは数多くの微細な結晶粒（5～100 μm程度）とそれを取り囲む粒界層によって形成される．バリスタの結晶粒内は低抵抗であるが，粒界にある電気的（エネルギー）障壁のため，高抵抗になっている．その電気的障壁は，電子を捕獲した界面準位とその周りの空乏層から形成され，1粒界層当たり2～3V程度の電圧が印加されると降伏し，電流が流れ始める．

粒界層の数（セラミックスの厚みに比例）で降伏電圧が決まり，流す電流は面積に比例するため，幅広い回路電圧・用途に対応できる．

焼結体の電子顕微鏡写真を図6.3.1に示す．

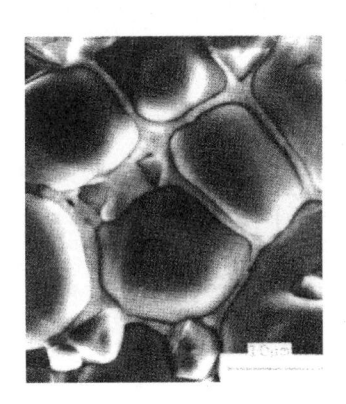

図6.3.1 ZnOバリスタ焼結体の電子顕微鏡写真

JIS C 5381-331によるMOVの図記号及び電気等価回路を図6.3.2に示す．

MOVのV-I特性は，図6.3.3に示すように三つの導電機構領域（低降伏領域，降伏領域，大電流領域）に分けられる．低降伏領域は，降伏電圧より低い電圧が印加された領域で，熱励起された電子が電気（エネルギー）的障壁を乗り越える電流導電機構領域である．

降伏領域はバリスタを特徴付ける領域で，大きな非直線性を示し，次式で近似することができる．

$$I = k \cdot V^\alpha$$

ここで，kは材料定数であり，ZnOバリスタの場合には，非直線乗数αの値

6. SPDCの特徴と選定及び所要性能試験方法

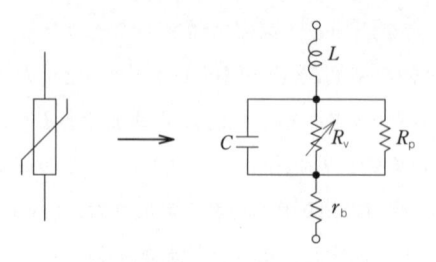

R_p：並列抵抗 10^{12}〜10^{13} Ωcm（境界層抵抗）
R_v：非直線抵抗（理想バリスタ）
C：電極間静電容量
L：リードインダクタンス
r_b：ZnO微結晶抵抗 1〜10 Ωcm

図 6.3.2 MOVの図記号及び電気等価回路

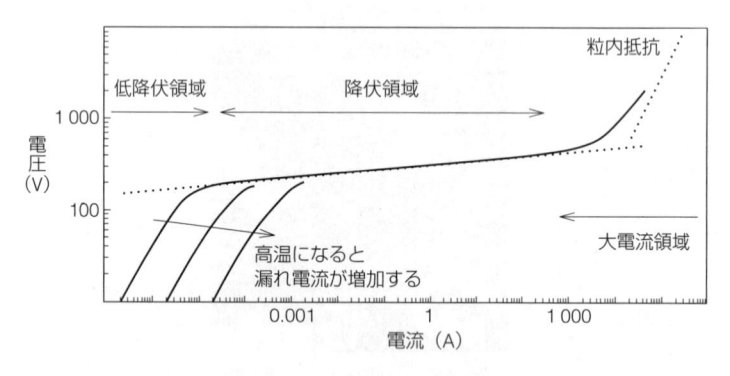

図 6.3.3 MOVの V-I 特性

が40以上のものもある．図6.3.3は両対数目盛なので傾きが小さく見えるが，リニア目盛では非常に大きな非直線性となる．

　大電流領域は，結晶粒内の抵抗（0.001 Ωm程度以下）が無視できなくなるほどの大電流が流れる領域であり，抵抗値がセラミックス結晶内の抵抗にほぼ等しくなる領域である．このセラミックス焼結体（素子）に電極を付け，絶縁材料でコーティングしたものが，雷サージ防護デバイス用部品である．

　一般的な円板形バリスタと電力用バリスタ素子（参考）の構造例を図6.3.4に示す．円板形バリスタは，家電機器，通信機器などの電源ラインを始め，各種ノイズ，サージ吸収用として広く使用されている．また，電力用バリスタは，

6.3 金属酸化物バリスタ（MOV）

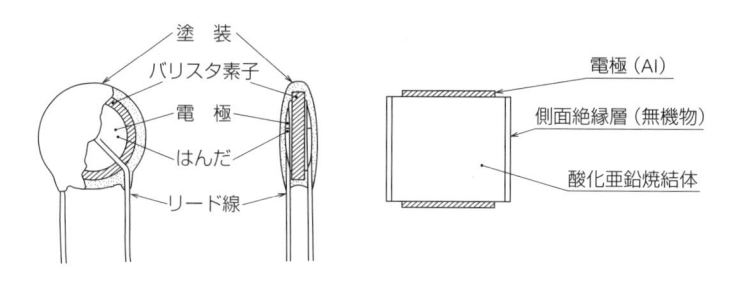

図 6.3.4 MOVの構造例

電力設備を保護する高圧アレスタの素子として使用されている．

（2）MOVの特徴

MOVの中でZnOバリスタは，インパルスピーク電流が大きく（サージ電流耐量ともいう．），かつ放電後の続流がないため，電源線の線間と大地間に接続される雷サージ防護用として広く使用され，また，静電容量の影響がない範囲で，通信・信号線路にも使用されている．

また，雷サージに対して応答性が早いため電圧抑制が優れ，保護機器との協調設計がしやすい．

（3）MOV使用上の選択・選定方法

MOVの選定方法として，図6.3.5の選定フローチャートでチェックするとよりよいサージ対策が行われる．

バリスタ電圧の設定は，線間に使用する場合と対地間に使用する場合にそれぞれ注意事項がある．

線間に使用する場合，バリスタ電圧と使用できる連続最大電圧との関係がある．その関係は，温度と印加電圧に対する寿命で，バリスタにある電圧をかけ，周囲温度を変化させ，その時の寿命を測定した結果の代表例を図6.3.6及び図6.3.7（図6.3.6から求めた．）に示す．

図6.3.7において，課電率1.0の場合，温度85℃での寿命特性を求めると，10^6 h程度であり，100年くらいの寿命がある．

ここで，課電率＝回路電圧peak/バリスタ電圧である．

6. SPDC の特徴と選定及び所要性能試験方法

以上の関係より，公称バリスタ電圧と最大連続使用回路電圧を決めている．

また，対地間に使用する場合は，地絡事故（TOV）や機器の耐電圧試験（AC 1 000 V 又は AC 1 200 V）及び絶縁抵抗試験（DC 500 V）に対しては，表 6.3.1 のように決めている．

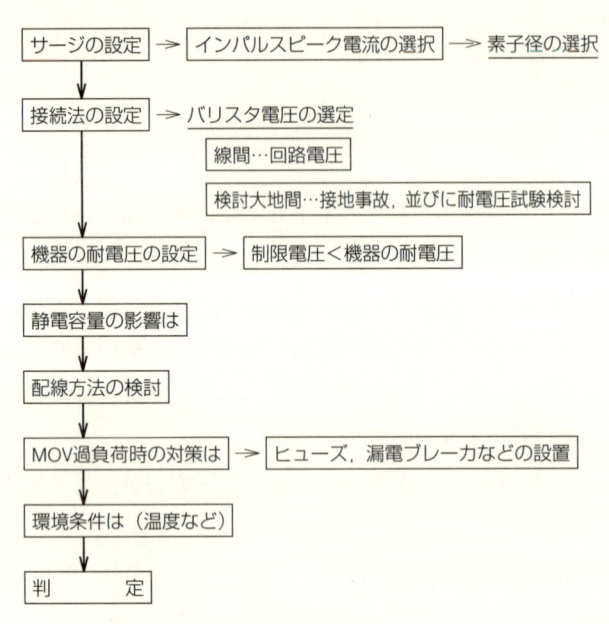

```
サージの設定 → インパルスピーク電流の選択 → 素子径の選択

接続法の設定 → バリスタ電圧の選定
                 ┌ 線間…回路電圧
                 └ 検討大地間…接地事故，並びに耐電圧試験検討

機器の耐電圧の設定 → 制限電圧＜機器の耐電圧

静電容量の影響は

配線方法の検討

MOV 過負荷時の対策は → ヒューズ，漏電ブレーカなどの設置

環境条件は（温度など）

判　定
```

図 6.3.5　MOV 選定のフローチャート

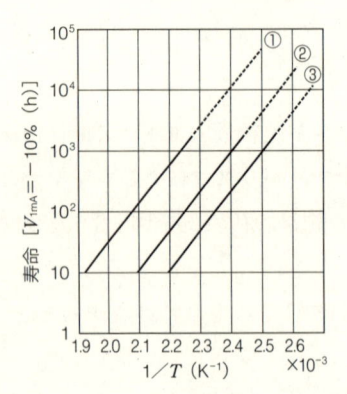

① AC 電圧試験　　　　　　$\log_{10} Lt = 6\,460\,(1/T) - 11.42$
② DC 電圧試験（順方向）　$\log_{10} Lt = 6\,553\,(1/T) - 12.70$
③ DC 電圧試験（逆方向）　$\log_{10} Lt = 6\,536\,(1/T) - 13.30$

1) 素子温度 t ＝周囲温度＋自己発熱温度
2) 絶対温度 $T\,(\mathrm{K}) = 273 + t$
3) 寿命 Lt は $V_{1\mathrm{mA}}$ が $-10\,\%$ の変化を生じるまでの時間である．

図 6.3.6　温度と印加電圧に対する寿命（代表例）

6.3　金属酸化物バリスタ（MOV）

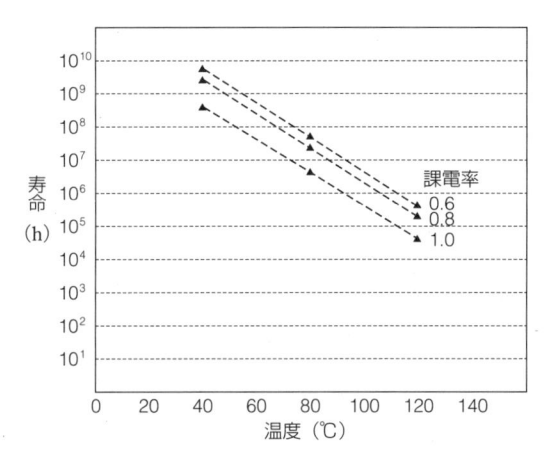

図 6.3.7　温度と課電率に対する寿命（代表例）

表 6.3.1　バリスタ電圧と用途の関係

公称バリスタ電圧 V_{1mA}	最大連続使用交流電圧 V_M (AC)	主な用途
82	50	電話機用，DC 48 V 通信回線用
270	175	AC 100 〜 120 V 線間用
470	300	AC 100 〜 220 V 線間用 AC 100 〜 220 V 線 − 大地間用
820	510	DC 500 V 絶縁抵抗試験用
1 800	1 000	線 − 大地間用（AC 1 200 V 耐電圧用）

6.3.2　MOVの所要性能試験方法

（1）単一インパルスピーク電流（I_{TM}）（single-pulse peak current）

単一インパルスピーク電流は，MOVの故障を引き起こすことなく，規定波形の単一のインパルスを印加できる最大値である．他に規定がない場合，波形は 8/20 とする．試験回路を図 6.3.8 に示す．

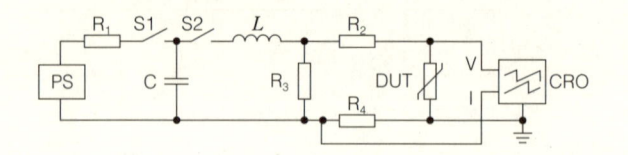

構成部品
PS ：直流充電電源
R1 ：充電抵抗器
S1 ：充電スイッチ
C ：エネルギー蓄電用コンデンサ
S2 ：放電スイッチ
L ：インパルス整形インダクタンス
R2 ：インパルス整形及び電流制限抵抗器
R3 ：インパルス整形抵抗器
R4 ：電流検出用抵抗器（同型）．代わりになるべきものとして適切な定格の電流変流器プローブを用いてもよい．
DUT ：供試品
CRO ：電流及び電圧を観測するためのオシロスコープ

図6.3.8 インパルスピーク電流（I_P）での制限電圧（V_C）を測定するための試験回路（JIS C 5381-331 図2）

(2) パルス幅に対する複数パルスのピーク電流軽減（multiple-pulse peak-current derating against pulse）

異なる数のインパルスに対して，矩形パルス幅に対比した複数ピーク電流を図で示したもの．代表的に，曲線は単一パルス曲線とともに，10，10^2，10^3，10^4，10^5，10^6回パルスについて図6.3.9に示す．

今後はJIS C 5381-1による電流の仕様値のものが広まってくるが，一般的に，現在の仕様は電流値1回又は2回保証の値のみ記載されている．図6.3.9は，サージ波尾長（電流幅）・サージ電流値・回数等の多種な条件に対する性能を表しており，JIS C 5381-1に使われる公称放電電流において，動作責務試験の前処理試験では電流インパルスを計15回印加するときの参考値になる．

(3) 公称バリスタ電圧 V_N（nominal varistor voltage）

公称バリスタ電圧は，規定の時間で，規定の直流電流（IN）によって測定したMOV両端電圧である．他に規定がない場合は，通常DC 1 mAを使用する．一般に，製造業者は公称値±10％で規定している．

この測定では，電流は負荷インピーダンスにかかわらず定常値に維持するため，定電流の電源を使用することが望ましい．

公称バリスタ電圧（V_N）を測定するための試験回路を図6.3.10に示す．

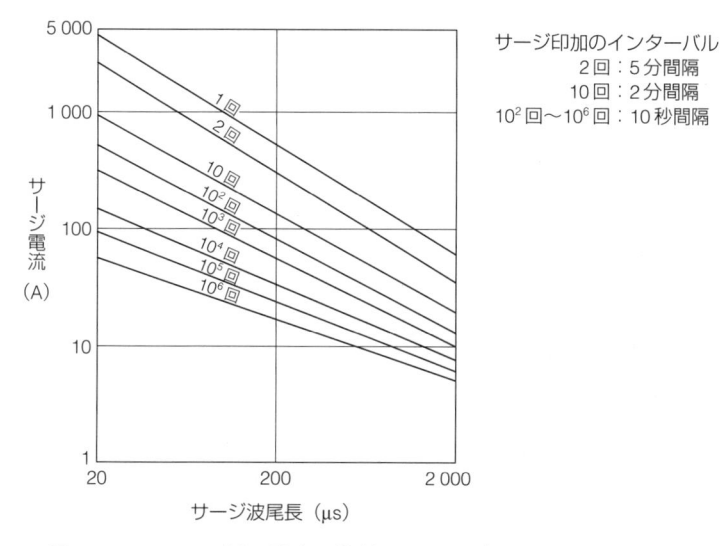

6.3 金属酸化物バリスタ (MOV)

図 6.3.9 パルス幅に対する複数パルスのピーク電流軽減

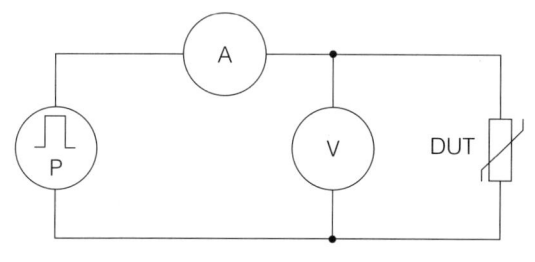

図 6.3.10 公称バリスタ電圧 (V_N) を測定するための試験回路
(JIS C 5381-331 図4)

構成部品　P：定電流パルス発生器
　　　　　V：デジタル式電圧計
　　　　　A：電流計（μA）

(4) 制限電圧 V_c (clamping voltage)

制限電圧は，規定のピークパルス電流（IP）及び規定波形の条件に基づいて測定した MOV 両端のピーク電圧であり，MOV の電圧保護レベルを決定する．他に規定がない場合，試験電流は 8/20 の波形である．試験回路は図 6.3.8 を参照されたい．

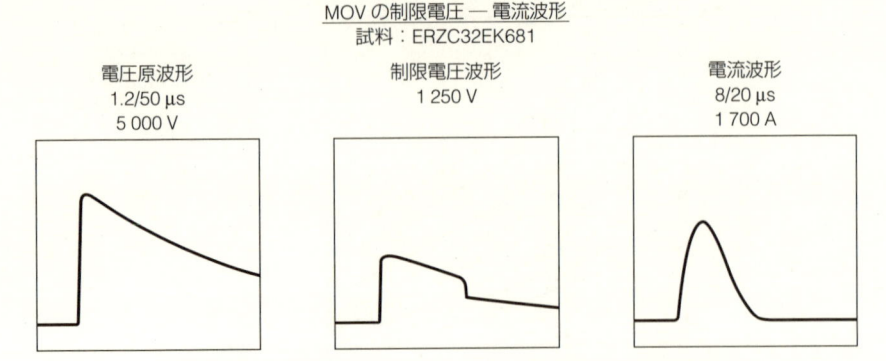

194　　　6.　SPDCの特徴と選定及び所要性能試験方法

MOVの制限電圧 ― 電流波形
試料：ERZC32EK681

電圧原波形　　　　　　　制限電圧波形　　　　　　　電流波形
1.2/50 μs　　　　　　　　1 250 V　　　　　　　　8/20 μs
5 000 V　　　　　　　　　　　　　　　　　　　　　1 700 A

図6.3.11　MOVのコンビネーション波形での試験波形

また，コンビネーション波形での試験波形を図6.3.11に示す．

(5) 最大連続使用電圧 V_M（maximum continuous voltage）

規定温度で連続して印加できる電圧で，公称バリスタ電圧と比例関係にある．寿命の判定基準は，規定以上のサージエネルギー，他のストレス（温度・湿度等）を繰り返し加えることにより，バリスタ電圧が低下していく．このバリスタ電圧が初期値に対して−10％変化したときを寿命と判定している．

(6) 静電容量 C_V（capacitance）

静電容量は，規定の周波数及び電圧で測定したMOV両端の静電容量で，他に規定がない場合は，25℃で1 kHzの$0.1 V_{rms}$の信号を推奨する．

6.4　サージ防護サイリスタ（TSS）

6.4.1　TSSの特徴とその選定方法

2005年にJIS C 5381-341がIEC 61643-341規格に対応する形で制定された．JIS C 5381-341の内容は，以下のとおりである．

　　・用語・記号及び定義　　　　・使用条件及び故障モード
　　・基本機能・外形及び部品構造　・定格及び特性試験

なお，この規格はTSS部品の試験方法を規定するものであり，個別TSS製

6.4 サージ防護サイリスタ (TSS)

品の各個別用途に適応する具体的規格等に関しては，設計者の選択及び対応規格等から選択することになる．TSS 個別用途別の規格の例を以下に示す．

JIS C 5381-21	通信及び信号回線に接続するサージ防護デバイスの所要性能及び試験方法
JIS C 61000-4-5	電磁両立性—第4部：試験及び測定技術—第5節：サージイミュニティ試験
ITU-T Rec. K.20	通信センタビル内に設置された電気通信設備の過電圧・過電流耐力特性
ITU-T Rec. K.21	ユーザビル内に設置された電気通信設備の過電圧・過電流耐力特性
ITU-T Rec. K.28	通信保安器防護用半導体アレスタの特性
UL 497 A	通信回路の二次防護装置
UL 497 B	データ通信及び火災報知器回路の防護装置
GR-974-CORE	電話回線防護設備の要求事項
GR-1089-CORE	電磁両立性及び電気的安全性（雷及び AC 混触） ほか

(1) TSS の概要

TSS は，半導体のサイリスタ構造をもったサージ防護部品であり，クリッピング及びクローバ動作によって過電圧を抑制し，サージ電流を分流するように設計されたサージ防護デバイス用部品 (SPDC) である．これらの部品は SPD の構成部品として使用され，主に電気通信分野に適用されるものである．図 6.4.1 に TSS のシリコンチップ基本構造，図 6.4.2 に TSS の内部構造図例を示す．また図 6.4.3 に TSS の電圧電流静特性波形例を示す．

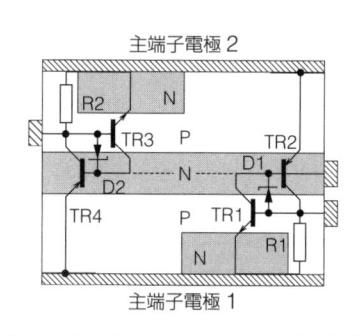

図 6.4.1 TSS シリコンチップの基本構造 (JIS C 5381-341 図 8a)

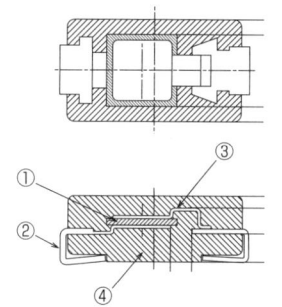

図 6.4.2 TSS の内部構造図例
① シリコンチップ
② リードフレーム
③ 接続子
④ モールド樹脂

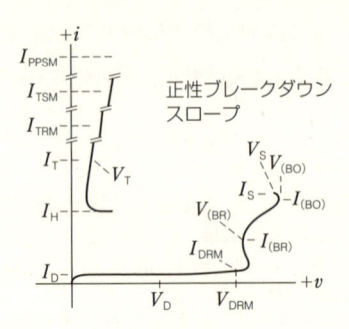

196   6. SPDCの特徴と選定及び所要性能試験方法

図 6.4.3　TSSの電圧電流静特性波形例
(JIS C 5381–341　図 1a)

TSSは過電圧の抑圧特性に優れ，細かい抑圧電圧クラス分類も可能であることから，高精度な過電圧抑圧安定性が要求される通信・信号線路に接続される高精度電子機器の雷サージ防護用途として現在広く使用されるようになった．高サージ耐量特性及び抑圧電圧の高精度制御性から，多段回路の一次防護部レベル，基板レベルのIC保護レベルまで製品展開も多岐に渡り用途は広い．TSS製品は，図6.4.4に示す静特性による4分類がなされる．

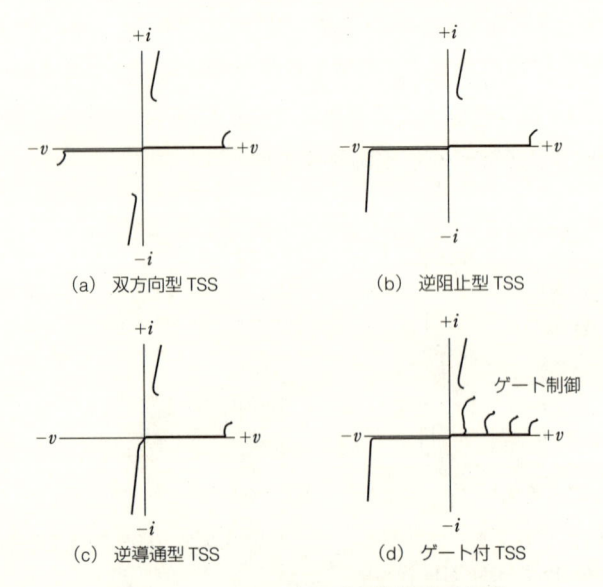

(a) 双方向型 TSS

(b) 逆阻止型 TSS

(c) 逆導通型 TSS

(d) ゲート付 TSS　ゲート制御

図 6.4.4　TSSの電圧電流特性波形分類

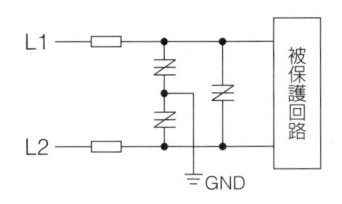

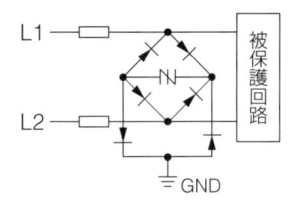

6.4 サージ防護サイリスタ(TSS)

図 6.4.5 サージ防護回路構成例(1) **図 6.4.6** サージ防護回路構成例(2)

TSS部品の通信線路でのサージ防護回路構成例を図6.4.5及び図6.4.6に示す．図6.4.6はバランス特性に優れる回路構成である．

(2) TSSの特徴

(a) 利点 TSSは，他のSPD部品（GDT及びMOV）と比較して，サージ応答特性に特に優れる．サージ応答特性の安定性のほか，クランプ電圧の設計制御性のよさから10V間隔でのクランプ電圧設定すら可能である．現在TSS製品は，クランプ電圧において7Vクラス品から600Vクラス程度品までの細かい品種展開がなされている．なお，ゲート付TSSは外付ABD部品等でのクランプ電圧の設定が可能である．また，ゲート付TSSには外付抵抗を設定することで過電圧のほか，過電流制御のできる製品もある．他の利点としては，クランプ電圧がPN接合で決まるので，GDT部品におけるようなスパッタ現象によるクランプ電圧の変動問題もなく長期信頼性にも優れる．各種実装パッケージが選択できることも半導体部品であるTSSの利点ともいえる．設計者は実装基板スペース等の条件から，適合するパッケージを選択することになる．

図 6.4.7 TSS製品例

(b) 注意点 TSSは半導体部品であり，各電気的特性項目において温度特性をもつことから動作温度範囲に留意すべきである．6.4.2項(2)に示すブレークオーバ電圧，繰返しピークオフ電流及び保持電流等の各温度特性には注意すべきである．実使用回路での動作温度範囲を考慮して各特性仕様を選択決定する必要がある．なお，これら温度特性図は製品ごとに，製造業者により提供される．

なお，パッケージに関連する項目としては熱抵抗 R_{th} 及び過渡熱インピーダンス Z_{th} 項目があるが，サージ耐量に関しては，雷サージのような非常に短いパルス(μs)波形では放熱フィン有無による効果はほとんどなく，TSSシリコンチップサイズでほぼ決定されるといえる．なぜならば短パルスサージ破損の場合，TSSシリコンチップ破損に至るまでの時間は非常に短く，チップ上のホットスポット(発熱部)のヒートシンク熱伝導放熱効果は期待できず，サージ耐量向上効果はないといえるからである．すなわち，サージ耐量は製造業者表示値でほぼ決まり，放熱フィンを付ける効果はほとんどない．

(3) TSS使用上の選択・選定方法

実際に適合するTSS部品を選定するに際しては，実使用環境条件により，各種TSS部品仕様一覧から選択することになる．選定簡易フローを図6.4.8に示す．

6.4.2 TSSの所要性能試験方法

ここでは，使用者，設計者，製造業者の立場から必要とする所要性能試験方法に関して記述する．なお，6.4.1項でも記述したがJIS C 5381-341はTSS部品の試験方法のみを規定するものであり，個別TSS製品の各用途に適応する具体的所要性能規格値に関しては，対応規格等から選択する必要がある．また試料個数及び試験判定条件等に関しては個別決定事項となるが，試料個数選択等に関してはJIS Z 9015-0等を参考にするとよい．

(1) 非繰返しピークインパルス電流 I_{PPSM} (I_{TSM}) (non-repetitive peak impulse current)

TSSに許容されるサージ電流のピーク値を規定する定格項目である．規定し

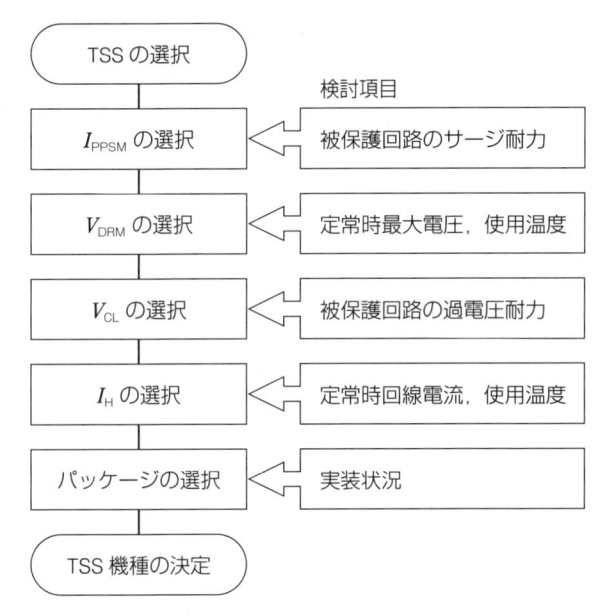

6.4 サージ防護サイリスタ(TSS)

```
┌─────────────────┐
│   TSS の選択     │
└────────┬────────┘
         │              検討項目
┌────────▼────────┐   ┌──────────────────────┐
│  $I_{PPSM}$ の選択 │◁──│ 被保護回路のサージ耐力 │
└────────┬────────┘   └──────────────────────┘
┌────────▼────────┐   ┌──────────────────────┐
│  $V_{DRM}$ の選択 │◁──│ 定常時最大電圧,使用温度 │
└────────┬────────┘   └──────────────────────┘
┌────────▼────────┐   ┌──────────────────────┐
│  $V_{CL}$ の選択  │◁──│ 被保護回路の過電圧耐力 │
└────────┬────────┘   └──────────────────────┘
┌────────▼────────┐   ┌──────────────────────┐
│  $I_H$ の選択    │◁──│ 定常時回線電流,使用温度 │
└────────┬────────┘   └──────────────────────┘
┌────────▼────────┐   ┌──────────────────────┐
│ パッケージの選択  │◁──│      実装状況        │
└────────┬────────┘   └──────────────────────┘
┌────────▼────────┐
│ TSS 機種の決定   │
└─────────────────┘
```

図6.4.8 TSS部品の選定簡易フロー

た振幅及び波形条件での許容電流値で表記される.特に指定がない場合,電流波形条件としては10/1 000及び8/20が使用される.実回路で想定される外来侵入サージ電流値(I_{surge})以上の非繰返しピークインパルス電流値 I_{PPSM} (I_{TSM}) をもつTSSを選択する必要がある($I_{PPSM} \geqq I_{surge}$).

備考 インパルス特性項目記号としては,I_{PPSM} を使用することが望ましいが,I_{TSM} 記号も従来から使用されており,当面併用される.

(2) ブレークオーバ電圧 $V_{(BO)}$ (breakover voltage)

規定した電圧上昇率条件下でのブレークダウン領域での主端子間の最大電圧をいう.ブレークオーバ電圧ポイントに関しては,TSSのスイッチング波形特性分類によって位置が異なることに注意が必要である.図6.4.9にスイッチング特性波形分類での各表示位置を示す.

印加電圧上昇率急峻度による試験条件は,いくつかの傾斜が適用上の要求を満たすために必要となる.特に指定がない場合,表6.4.1の印加電圧波形条件

6. SPDCの特徴と選定及び所要性能試験方法

を選択する.

なお,用途例としてのITU-T K.28での所要性能規格例では,100 V/s 〜 100 kV/s, 100 V/μs, 1 kV/μs 各条件に渡って最大電圧制限400 V以下が規定される.

備考　印加波形条件の遅い場合を静的$V_{(BO)}$,急峻な場合を動的$V_{(BO)}$又はV_{CL}と呼ぶ場合もある.

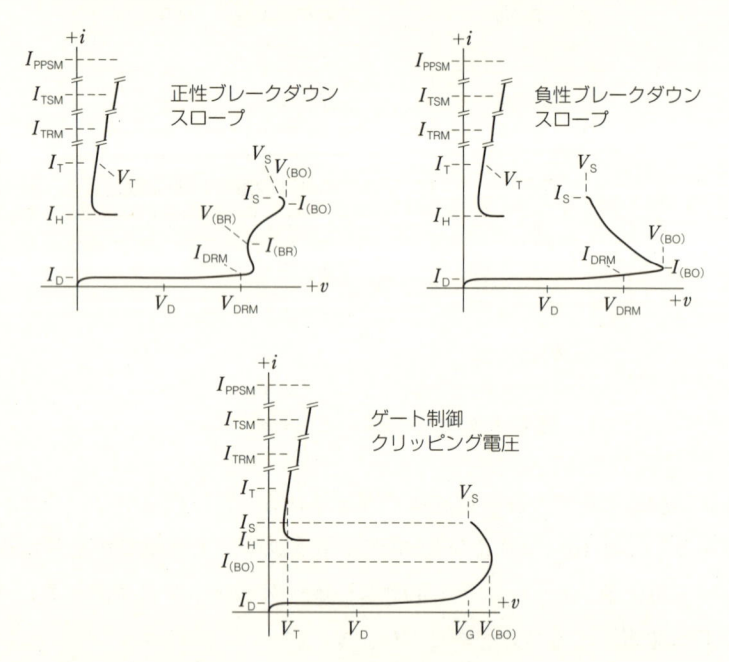

図 **6.4.9**　各種スイッチング特性波形分類 (JIS C 5381-341　図1)

表 **6.4.1**　ブレークオーバ傾斜率試験値例
(JIS C 5381-341　表4)

適　用	dv/dt (開回路)	電源内部抵抗 R	di/dt (短絡回路)
緩傾斜	4 V/ms	500 Ω (正性スロープ) 4 000 Ω (負性スロープ)	8 mA/ms 1 mA/ms
交　流	250 V/ms	250 Ω	1 A/ms
遅い波形インパルス	100 V/μs	100 Ω	1 A/μs
速い波形インパルス	1 000 V/μs	100 Ω	10 A/μs

6.4 サージ防護サイリスタ(TSS)

(3) 繰返しピークオフ電圧 V_{DRM} (repetitive peak off-state voltage) 及び繰返しピークオフ電流 I_{DRM} (reptitive peak off-state current)

繰返しピークオフ電圧は，オフ状態で印加できる最大定格遮断電圧である．すなわち，オフを保証できる最大印加電圧値である．繰返しピークオフ電流は繰返しピークオフ電圧を印加した場合のオフ電流の最大値を示す．

(4) 保持電流 (I_H) (holding current)

TSSに固有の項目である．保持電流値はTSS部品をオン状態に維持できる最小の主電流値である．雷サージ通過後の続流遮断特性であり，通信回線でのインパルスリセット試験特性に関連する項目である．すなわち，GDT部品での直流ホールドオーバ電圧項目に該当する特性である．試験回路構成を図6.4.10及び図6.4.11に示す．図6.4.11はインパルスリセット試験としての雷サージ波形印加条件での試験方法である．いわゆるインパルスリセット試験での判定を行ってもよい（ITU-T K.28参照）．

なお，6.4.1項(2)でも述べたように，保持電流の温度特性には注意が必要となる．

(5) 静電容量 (C_o) (off-state capacitance)

TSSの適用において，特に伝送線路の不平衡減衰及び伝送損失要求等が必要な場合に，この特性項目の選択が必要となることもある．なお，SPD回路構

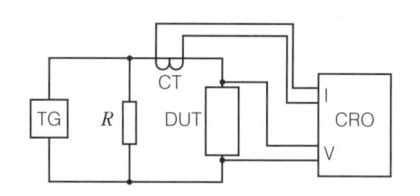

```
DUT ：供試品
CT  ：直流カレントプローブ又は同等品
TG  ：オフからオンへ供試品を規定条件でスイッチングさせる試験機
R   ：電源抵抗設定用抵抗（要求がある場合）
CRO ：2チャンネルオシロスコープ又は同等品
```

図 6.4.10 保持電流の試験回路(1)（JIS C 5381-341 図25）

成により，実質的に静電容量を下げることは可能であり，図 6.4.12 の回路構成でのシリコンバリスタとの直列接続構造及び図 6.4.6 の回路構成による静電容量低減及び C バランス改善策構造等が用いられる．

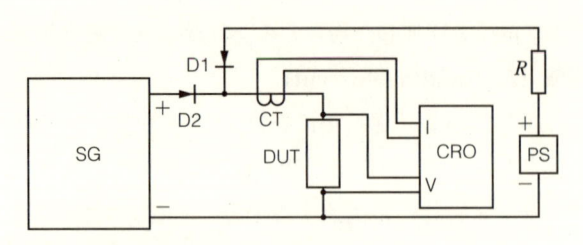

DUT ：供試品
CT　：直流カレントプローブ又は同等品
SG　：規定の特性を備えたインパルス発生器
PS　：規定の電圧に設定する直流電源
R 　：直流電源抵抗設定用抵抗
D1 ：電源絶縁用ダイオード
D2 ：インパルス発生器絶縁用ダイオード
CRO：2チャンネルオシロスコープ又は同等品

図 6.4.11　保持電流の試験回路 (2) (JIS C 5381-341　図 26)

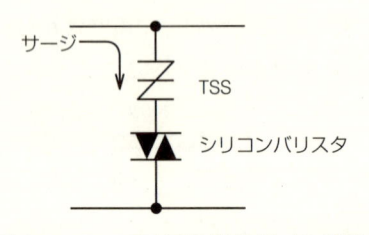

図 6.4.12　SPD 回路構成例（$C_\circ$ 低減策）

7. むすび

　今後，情報家電を含めた情報通信処理装置のデジタル化，各種の社会システムのIT高度化の進展に対応して，システムの高信頼性確保，誤動作防止が重要な課題である．ますますSPS設計の重要性が増す．

　現在，ビルやオフィスの中での使用機器は世界的に標準化されグローバル化されつつあり，SPS，SPD及びSPDCもグローバルなデバイスとなる．したがって，しっかりしたシステム設計とフィールドデータの蓄積とそのフィードバックによって，今後進展が予想される実用的でグローバルなSPSの設計方法を確立することができる．

　本書は，これからのグローバル化へ対応するため，次のような成果を得，また，提言を行うことができた．

　最新のSPS設計方法に関して，設計の流れに沿って記述すると同時に，重点事項を提示するように執筆者らが努力した．JIS及びIEC規格等を参照して得られた成果，及び新規に明示できた各章ごとの重点事項を以下に述べる．

　すなわち，第2章の"雷環境の調査及びリスクマネジメント"，第3章の"雷保護システムの具体的な設計例"と"従来のLPSの設計手法"，第4章の"SPDの協調"と"具体的なSPD間の協調例"，第5章の"使用者，設計者，製造業者の立場から必要とする所要性能試験方法"，及び第6章で述べたSPDの所要性能及び試験方法と関連付けた"SPDCの所要性能及び試験方法"等である．

　第2章のリスクマネジメントは，従来から重要な手法といわれながら，具体的な提案が少なく，また規格の整備も不十分であった事柄である．今回，執筆者の努力によって実際に使えるレベルまでブレークダウンすることができ，次のような考え方・方法を提示できた．すなわち，リスクマネジメント作業は，

リスクの要因を評価し，防護対策を合理的・総合的にすることである．具体的には，保護効率を算定して，対応する保護レベルに相当する第1雷撃の電流パラメータに対処するLPS・SPS・SPDを設計・設置することである．

この章では，リスクの要因を，襲雷頻度（IKL），地形，大地抵抗率などの地域環境要因及び建築物の高さ，多数の人の集まる建築物，科学的・文化的に重要な建築物，危険物を取扱う建築物などの立地条件・重要度などに，わかりやすく分類してリストアップした．

リスクの種類を，"直撃雷の分流状況"と"電源回線に分流する雷電流値"，"電源・通信回線等の誘導雷電流値"，"電力系統のリスクであるSPDへのTOV値"，"通信・信号系統の誘導雷電流値"，"接地系統からのリスク"に分けて明示した．

また，リスクの分析・評価の基本的な考え方に関して，リスクのサージが設備・機器へ侵入する経路を，電源系・通信及び信号系・接地系・構造物系に分けて考えること，及び侵入雷サージの波形を明らかにした．また，SPDの要否判定フロー及び直撃雷リスク評価のための落雷電流値の累積度数分布，電源系統への侵入雷電流値例，防護機器に対する耐インパルス特性を明示した．

保護効率・保護レベルを決定する際の，各レベルに対応する最小雷撃電流，雷撃距離，最大雷撃電流を明示した．保護効率の算出は，第3章"建築物等のSPSの考え方と具体的な設計方法"に詳しく記述したが，次式で算出する．

$$E = 1 - (N_c / N_d)$$

ここに，E：LPSの保護効率
N_c：保護対象建物の損傷が許容できる落雷数
N_d：保護対象建物への想定される年間落雷数

第3章に関して，第1雷撃，後続雷撃，長時間継続雷撃の電流パラメータを明示した．"雷保護システムの具体的な設計例"では，JIS A 4201：2003に従った設計方法について述べた．このJISは，従来のJIS A 4201：1992の大幅な改正JISである．

外部LPSの設計に関して重要項目である

7. むすび

① 受雷部システム（突針，水平導体及びメッシュ導体を個別又は組み合わせて構成，保護レベルに対する受雷部の配置，保護角法及び回転球体法による保護範囲）

② 引下げ導線システム（保護レベルに応じた引下げ導線の平均間隔）

③ 接地システム（A型及びB型接地極の形状及び寸法，保護レベルに応じた接地極の最小長さ）

について明示した．

また，内部LPSの設計に関して重要項目である

① 等電位ボンディング（建物内部の導電性部分間を導体による直接接続，SPDを介しての接続，系統外導電性部分を外部LPSへボンディング），

② 安全離隔距離の確保（等電位ボンディングできない部分の離隔距離，受雷部又は引下げ導線と金属製工作物・電力及び通信設備間の離隔距離）

について明示した．

なお，"従来のLPSの設計手法"は，旧JIS（A 4201：1992）で，構造の具体的な材料・寸法が細かく規定されている（受電部は，突針又はむねあげ導体，避雷導体は，30 mm^{2}以上の銅線，接地抵抗値が重要，避雷設備の接地は建物と離して施工が原則等）ので，そのまま設計・施工しなければならなかった．しかし，新JIS（A 4201：2003）では，目的にふさわしい性能をそれぞれ関係者の責任で選定し，適用することを原則とした性能規格なので，例えば，LPSの構成部材に建築物の金属製構造体や部分を利用でき，従来に比べて経済的な設計ができる利点がある．

第4章の"SPDの協調"について，被保護機器の入力側に設置するSPDの電圧防護レベルは，被保護機器のインパルス耐電圧との協調，及びシステムの公称電圧における絶縁との協調をしなければならないこと，また，複数個のSPDを設置する場合は，SPD間のサージ電流の考慮に加えて，エネルギー耐量の協調が必要となることを，図4.3.1及び図4.3.2で図解した．

基本的な協調方式として，次の4種類を明示した．

①　連続的な電流－電圧特性のSPDに対して，同一の残留電圧のSPDを選定する．
②　すべてのSPDが連続的な電流－電圧特性のSPDの場合，初段のSPDから後段（被保護機器側）のSPDの順に階段的に残留電圧を高くする．
③　不連続的な電流－電圧特性のSPD（スイッチング形SPD）の後段に，連続的な電流－電圧特性のSPD（電圧制限形SPD）を組み合わせて後段のSPDの負担を軽くする．
④　SPDの内部に直列インピーダンス又はフィルタを使用してSPDを一体化し，SPD内で協調を図った2ポートSPDを構成する．

"具体的なSPD間の協調例"について，次の2項目を明示した．
①　配電系統の具体的なSPDの設置は，ギャップとMOV，及びMOVとMOVがあるが，前者の協調は比較的簡単であるが，後者は非常に難しい．
②　SPDと他の装置との協調例として，漏電遮断器，過電流防護装置のサージ耐量の規定，及びこれらの装置の動作規定とSPD間のサージ協調の考慮が必要である．

第5章の"使用者，設計者，製造業者の立場から必要とする所要性能試験方法"に関しては，低電圧配電システムからの誘導雷SPS用SPDの最も重要な型式試験項目として，
①　制限電圧の測定
②　動作責務試験
③　漏れ電流の測定
を明示した．

"制限電圧の測定"は，電圧防護レベルを決定する試験であり，電圧防護レベルを決定するためのフローチャート及び三つの試験（1.2/50電圧インパルス試験，残留電圧試験，コンビネーション波形試験）を示した．

"動作責務試験"は，実際にSPDが設置されている状況をシミュレートして実施する．また，試験のフローチャートを図示し，測定制限電圧の測定，続流電流の測定，前処理試験，動作責務試験の手順について明示した．

7. むすび

　"漏れ電流の測定"は，SPDを使用する系統・回線に通常時に影響を与えてはならないので，回線等の最大回路電圧に対して，SPDの最大使用電圧が十分な性能をもつことを確認するための試験である．SPDに最大連続使用電圧を印加して被保護装置に流れる電流を測定して判定する．

　通信・信号回線のSPS用SPDについて，電圧制限素子だけで構成されているSPDの場合と，電圧制限素子と電流制限素子の両方を含んだSPDの場合の要求事項について明示した．

　"電圧制限素子だけで構成されているSPD"の場合は，最大連続使用電圧，絶縁抵抗，インパルス制限電圧，インパルスリセット，交流耐久性，インパルス耐久性，過負荷での故障モードの要求事項と試験条件・試験回路を明示した．

　"電圧制限と電流制限素子の両方を含んだSPD"の場合は，電圧制限素子だけで構成されているSPDの場合の要求事項と，次の要求事項（定格電流，直列抵抗，電流応答時間，電流復旧時間，最大遮断電圧，動作責務試験，AC耐久性，インパルス耐久性の要求事項）を満足する必要がある．また，試験条件・試験回路を明示した．

　第6章で述べたSPDの所要性能及び試験方法と関連付けたSPDCの所要性能及び試験方法に関しては，SPDCの電流－電圧動作図上に，サージ電流耐量，電圧印加時の絶縁，動作開始電圧，動作開始時の電圧の関係を示し，これらの動作点に対応・相当する所要試験項目を，GDT，ABD，MOV，TSSの各SPDC順に次のように明示した．

- ・サージ電流耐量に相当する公称インパルス放電電流，非繰返しインパルス電流，単一インパルスピーク電流，非繰返しピークインパルスピーク電流．
- ・サージ通電時の電圧に相当するインパルス放電開始電圧，クランピング電圧，制限電圧，ブレークオーバ電圧．
- ・サージ通電時の電圧に相当する直流放電開始電圧，ブレークダウン電圧，公称バリスタ電圧，ブレークダウン電圧．
- ・電圧印加時の絶縁に相当する絶縁抵抗，待機電流，待機電流，オフ電流．

静電容量を除き，各SPDCにより用語と定義が異なっているので，設計及び使用時には注意が必要である．

また，1 SPDCで1 SPDが構成される場合は，SPDの動作点とSPDCの動作点は全く同じになるが，SPDとSPDCの動作点の用語と定義も異なっていることから，設計及び使用時には注意が必要である．

雷サージ防護デバイスを構成する部品には，その動作特性で大別してスイッチング形と電圧制限形の2種類に分類でき，これらのスイッチング形と電圧制限形について時間－電圧応答特性の図示及び表を使って特徴を比較し，SPDCの使用条件（温度，湿度，気圧，周囲温度）をわかりやすく解説した．

以上述べたように，本書は，執筆者一同が現時点での雷サージ防護システム設計等について自信をもってJISの解説と使用方法及び提案をさせていただいたものである．今後，本書に関して読者諸兄からの忌憚のないご意見，ご批判，ご指導を得て，よりよい実用書にしていきたい．

8. 雷サージ防護システム設計方法の Q & A

Q1 雷の種類と雷の地域的特徴について説明してください．

A1 雷は，季節や気象条件によって高温・高湿度の上昇気流と上空の低温領域の存在という条件が満たされれば発生し，夏季雷（熱雷），界雷，冬季雷に分類される．わが国の多雷地区は，北陸地方，北関東の山地，中部山岳地帯，鈴鹿山脈地域，日田盆地地域などである（2.1.2 項 "雷の発生と雷サージによる被害" 参照）．

Q2 日本独特の冬季雷について説明してください．

A2 日本の冬季雷は，青森県から福井県までの日本海沿岸で多く発生する．この冬季雷は冬，寒冷前線に沿って発生する雷で，世界的にも珍しく，放電時間が長くエネルギーが非常に大きいものが見られる（2.1.2 項 "雷の発生と雷サージによる被害" 参照）．

Q3 雷環境の調査目的とその利用について説明してください．

A3 雷環境の調査は，主に被保護建築物（建築物と引込線／管）を対象にしてリスク（危険度，損害度）を算定するために調査する．算定されたリスクから対策コストを考慮した合理的・総合的な建築物及び機器などの雷対策方法を決定する（2.4 節 "雷環境の調査及びリスクマネジメント" 参照）．

Q4 リスクの要因・種類について説明してください．

A4 リスクの要因は雷撃発生数，算定する被害（Damage）の発生確率及び算定する発生損失（Loss）の大きさの3項目がある．具体的には，①地域環境と，②建築物の立地条件・重要度について各種要因チェック項目を客観

的に評価して，総合的に判断する．リスクの種類は，直撃雷及び誘導雷によるリスク，電力及び通信・信号系統から侵入するリスク並びに接地系統からのリスクに分類できる（2.4.1項"リスクの要因と種類"参照）．

Q5 リスクマネジメントの手順について説明してください．

A5 マネジメント作業は，リスクの要因を評価し防護対策を合理的・総合的にすることである．具体的には，保護効率を算定して保護レベルに相当する第1雷撃の電流パラメータに対処するLPS・SPS・SPDを設計・設置する．手順は，建築物に関連するリスク分析・評価によりLPSの保護効率を求め，保護レベルを決定する．SPDで対策が必要な場合は，雷発生の地域特性や施設の重要度等を考慮して，総合的にリスクの要因を分析して保護レベルを選定する．SPDを使用して設備及び機器を防護する必要があるかどうかの評価は，使用者が適切であると思われるリスクのパラメータを選び，その重みを考慮して具体的な評価を実施する（2.4節"雷環境の調査及びリスクマネジメント"参照）．

Q6 保護効率・保護レベルの決定方法について説明してください．

A6 雷放電に対する雷保護システム（LPS）の保護効率は，施設状態によって確率的に考えることが適切であることから，0.98，0.95，0.9及び0.8の4段階の保護効率が規定され，それぞれ保護レベルⅠ，Ⅱ，Ⅲ及びⅣの4段階に対応している．一般建築物等では保護レベルⅣ，火薬・可燃性液体・可燃性ガスなどの危険物の貯蔵又は取扱いの用途に供する建築物等ではレベルⅡを最低基準とし，立地条件，建築物の種類・重要度によって更に高いレベルを適用する．建築物に関連するリスク分析・評価によりLPSの保護効率を求め，保護レベルを決定する（2.4.3項"保護効率・保護レベルの決定"参照）．

Q7 雷サージ防護設計の作業の流れを説明してください．

A7 防護設計の流れは，通常，以下のとおりとなる．

① SPSを設置する建物等の雷サージの各種環境パラメータの決定.
② 許容落雷数（回/年）を見積もり，目標の保護効率を実現するSPSによる対処方法の解析・効果・評価と決定（リスクマネジメント）.
③ 防護するシステムの特性に合致するSPD所要特性と設置等の決定（第1章"本書の概要と構成"，2.1.1項"雷サージ防護の考え方とシステム設計の流れ"参照）.

Q8 建築物の雷保護システムについて説明してください．

A8 建築物の雷保護については新JIS（A 4201：2003）に規定している．雷保護システム（LPS）には，外部LPSと内部LPSがある．外部LPSは，雷撃を捕捉する受雷部，雷電流を流す引下げ導線，及び雷撃電流を大地に放流する接地極システムで構成し，旧JIS（A 4201：1992）の避雷設備に相当する．内部LPSは，等電位ボンディングと安全離隔距離の確保などがある．これらは，建築物の破損防止と内部の人畜の保護を目的としたものであり，建築物内部の電気・電子設備の保護を目的としていない．

Q9 雷保護システム（LPS）の役割について説明してください．

A9 雷保護システム（LPS）の役割は，直撃雷の雷電流を確実に捕捉し効果的に大地に放流させて，建物の破損，火災，爆発等の発生を防止し，更に内部の人間や家畜に直接的被害を及ぼさないようにするためのものである．内部LPSは，被保護物内において雷の電磁的影響を低減させるために外部雷保護システムに追加するすべての措置で，等電位ボンディング及び安全離隔距離の確保などを行う目的である．すなわち外部LPSに流れる雷電流により，建物内部の金属部分間に過電圧によるスパークの発生で，火災や爆発のような災害の発生又は内部の人間や家畜を感電させないようにする役割がある［3.1.2項"建築物等（内部の人畜を含む）の雷防護（外部LPSと内部LPS）"参照］．

Q10 外部雷保護システムと内部雷保護システムについて説明してください.

A10 外部雷保護システム（外部 LPS）とは，直撃雷を確実に捕捉し，安全迅速に大地に放流させるためのシステムをいい，受雷部，引下げ導線，接地極システムから構成されている.

内部雷保護システム（内部 LPS）とは，外部 LPS に雷電流が流れたときに発生した他の金属部分との電位差による火花発生の危険を防止するためのもので，等電位ボンディングと安全離隔距離の確保などがあげられる. 等電位ボンディングとは，外部 LPS と他のすべての金属部分とを直接接続することであり，直接接続できない電力線や通信線等は SPD を介して接続し，サージ侵入時のみ等電位化を達成するためのものである.

Q11 建築物の SPS と具体的な設計方法について説明してください.

A11 被保護建築物の保護効率を算定して保護レベルに相当する LPS・SPS・SPD を設計・設置することである（3.1 節 "建築物等の SPS の考え方と具体的な設計方法"，3.2 節 "建築物内部の SPS と具体的な設計方法" 参照）.

Q12 建築物内部の電気・電子設備の雷保護システムを説明してください.

A12 建築物内部の電気・電子設備の雷保護をするためには，LPS 以外に保護対策を実施する必要がある. 雷電流は非常に大きなものであり，直接的及び間接的に設備に大きな影響を与えるため，影響を少なくし設備を安全に保護しなければならない. まず雷電流の大きさを定義し（雷電流パラメータの定義），その影響を段階的に低減させるための雷保護領域（LPZ）の概念を導入し，雷対策の具体化を図る.

具体的な雷保護システムの例としては，LPS で形成された接地システムや等電位ボンディングなどを利用するとともに，電磁遮へいと配線ループの極小化による電磁誘導の低減が必要になる. さらに，設備や機器の過電圧保護のため，適切なサージ防護デバイス（SPD）を選定，適用することが必要である（2.1.4 項 "建築物内部の電気・電子設備の雷保護システム"，

3.1.3項(3)"内部LPSの設計", 3.2節"建築物内部のSPSと具体的な設計方法"参照).

Q13 建築物内部のSPSと具体的な設計方法について説明してください.

A13 建築物内部のSPSは,電源用SPD及び通信・信号用SPDについて次に示す手順で設計を行う.
① 侵入するサージ電流及び過電圧の把握
② 被保護設備の耐電圧の把握
③ SPSの設置場所によるSPDの選定
④ SPD間の協調及び他の装置とのサージ協調

(3.2節"建築物内部のSPSと具体的な設計方法"参照)

Q14 SPDの種類と特徴について説明してください.

A14 SPDは,1個以上の非線形素子を内蔵する.SPDの種類としては次の3種類がある.①電圧スイッチング形SPD,②電圧制限形SPD,③複合型SPD.SPDに使用するSPD用部品(SPDC)としては,エアギャップ,ガス入り放電管,金属酸化物バリスタ,アバランシブレークダウンダイオード,サージ防護サイリスタ等があり,SPDはこれらSPDCと他の受動部品(抵抗器,インダクタ,キャパシタ)により単独又は組合せにより構成される [2.2節"雷サージ防護デバイス(SPD)の種類と特徴(構造,機能)"参照].

Q15 通信・信号回線用のSPDの種類と特徴を説明してください.

A15 ①電話回線用SPD,②CATV用SPD,③LAN用SPD,④データ用SPD等適用する回線の伝送要求や各回線に使用するケーブルなどにより適用範囲を分類している.

通信・信号回線用のSPDは,適用する種類が多いため,JIS C 5381-21において,電源用SPDのようなクラス分類はされていない.通常,クラ

ス試験Ⅲに対応する性能のSPDを用いる場合が多く，LPZの考え方に基づく設置箇所へ，U_p及び電流耐量を考慮したSPDを選定する必要がある．特徴については，第2章を参照．

Q16 特殊用途のSPDの種類と適用について説明してください．
A16 他の基準類との整合，日本の国情を考えた特殊用途のSPDがある．特殊用途のSPDとして，接地間用SPD，耐雷トランス，通信用耐雷トランスがある．

　接地間用のSPDは，建築物などへの落雷時に各接地極間の等電位化を図るために使用する．通常は独立した接地極になっているが，雷サージ侵入時に接地極間を連接することができる．

　施設に直撃雷があった場合，鉄骨・鉄筋に雷電流が侵入し，建物の階による電位差及び接地極間にかなり大きな電位差が発生することがある．この電位差に起因するフラッシオーバ，機器・設備の破損，被保護物の火災及び爆発，並びに感電などの危険及び災害を防止するために，電源系統及び通信系統に耐雷トランスを用いることがある(2.2.4項"特殊用途のSPD"参照)．

Q17 SPDのクラス試験分類及びカテゴリについて説明してください．
A17 電源回路用のSPDは，クラスⅠ試験，クラスⅡ試験，クラスⅢ試験規格があり，それぞれのクラス試験に対応するSPDの3種類に分類されている．一方，通信・信号回線用SPDに対する試験規格としては，侵入サージの種類により4種類のカテゴリA～Dに分類している．カテゴリ内に規定している試験条件は，各国から提案された試験条件を整理，分類したものである（2.3節"システムに適したSPDの選定"参照)．

Q18 電源・配電系SPDの特徴と特性パラメータについて説明してください．
A18 電源・配電系SPDの特徴は，直撃雷の分流分を取扱うクラスⅠ試験対

応のSPD（タイプⅠ形）と誘導雷を扱うクラスⅡ試験対応のSPD（タイプⅡ形）がある．タイプⅠ形SPDは，直撃雷分流分を処理することが想定されているため，大きなサージ電流耐量が要求される．この要求性能を満足するためSPDの主な構成部品であるSPDCに，エアギャップやGDT構造のものがある．主な特性パラメータは，最大連続使用電圧，電圧防護レベル，公称放電電流及びインパルス電流などである［4.1.1項(1)"低圧配電システムのSPSに使用するSPDの種類"参照］．

Q19 通信・信号回線用SPDの特徴と特性パラメータについて説明してください.

A19 通信・信号回線に使用するSPDは，適用する回線への影響をなくすため種類が非常に多い．主に伝送特性の劣化を防ぎ，かつ電流耐量の維持と U_p の低減を目的にSPDを多段に用いて動作協調を行っているものが多い．主な特性パラメータは，定格電圧，最大連続使用電圧，許容回路電流，公称放電電流及び電圧防護レベルなどである（4.1.2項"通信・信号用回線用SPD"参照）．

Q20 機器を防護するSPDの選定に必要な条件を説明してください.

A20 機器の設置場所におけるサージの種類を考慮し，対応するクラス試験に合格したSPDを選定することが必要になる．SPDの選定に当たり機器の設置環境条件を把握することが必要になる．

① SPDの適用場所：屋外，屋内，キュービクル内など
② SPDの適用回線：電源用，通信用，信号用など
③ 被保護機器の回路電圧：交流電源（100V，200V，400Vなど）
　　　　　　　　　　　　：直流電源（12V，24V，48Vなど）
④ 被保護機器の信号電圧，電流：周波数，最大電流値など
⑤ 被保護機器の耐インパルス特性

Q21 電源・配電系 SPD の選定手順について説明してください．

A21 SPD の選定を行う場合，主な検討内容及び手順は次のとおりである．
① LPZ に応じた SPD を選定する．
② 被保護機器の耐電圧に応じた SPD の電圧防護レベルを選定する．
③ 設置場所の回線に対応する SPD の最大連続使用電圧を選定する．
④ 設置場所で予想される雷電流から SPD の最大放電電流値を選定する．
⑤ 一時的過電圧（TOV）で動作しない SPD を選定する．
⑥ 機器側に設置されている SPD と協調の取れる SPD を選定する．
［4.2.1 項 (4)"低圧配電システムの SPS 用の SPD の選定方法及び設置方法"参照］．

Q22 通信・信号回線用 SPD の選定方法を説明してください．

A22 表 8.1.1 に示す内容の検討を進め，適切な SPD の選定を行う．

表 8.1.1

	検討項目	条　件
1	適用回線	通信・データ回線また公衆回線の場合は法令や通信事業者の要求条件等並びに最大連続使用電圧の条件
2	侵入する雷サージの波形	波形，最大電流，頻度などの電流耐量条件
3	設置環境	屋外か屋内か：環境条件に対する所要性能 通常：屋外で使用する場合でも，筐体等に収容することが通常であり，この場合は屋内と考えてよい．
4	防護するラインの数	これにより設置する SPD の数量，形式が決まる．
5	設置場所の選定	接地点に近い場所が望ましく，雷防護特性上はできる限り防護する機器に近い方がよいが，機器や下流にある SPD との動作協調また振動現象等を考慮しなければならない．詳細は 4.2.1 項に示す．
6	その他	取付け方法（DIN レール，ねじ固定等）特殊な条件があるか．

Q23 SPD の設置場所の注意点について説明してください．

A23 雷サージは基本的に線路と大地間との間に発生するもので，サージ電流

8. 雷サージ防護システム設計方法のQ＆A

は被保護システムへ出入りする引込線を通って侵入することが多いため，その引込口部分にSPDを設置することが原則である．SPDは引込口の線路と接地間に設置することによって線路及び接地側，両方の侵入サージに対応することが可能となる［2.3.2項(1)"SPDの設置場所"参照］．

Q24 電源・配電系SPDの設置方法について説明してください．

A24 SPDの主な設置位置は，建築物の引込口にある主配電盤の中に設置する．設備又は機器の近くにはタイプⅡのSPD又はタイプⅢのSPDを設置する．設備の引込口又は近傍におけるSPDの接地導体は，断面積が4mm^{2}以上の銅線であること［4.2.1項(5)"低圧配電システムに使用するSPDの設置例"，4.2.1項(6)"低圧配電システムに使用するSPS用のSPDの設置場所"参照］．

Q25 通信・信号回線用SPDの設置方法について説明してください．

A25 SPDの設置環境の基本的な考え方は，電源用SPDと同じ．Q24の回答を参照．

Q26 SPDに関するJISの課題について説明してください．

A26 JISでは，等電位ボンディング・接地の共通化が謳われているが，例えば，電気設備技術基準では感電保護の観点からA～D種接地の独立が要求されている．したがって，JISに基づいた雷サージ防護システム設計を行う場合でも，既にある関係法令・基準類との整合を図る必要がある．さらに，日本の配電方式は欧米と異なり，特殊なTT方式であることから地域的，全体的な等電位化は難しいことなどがあげられる（2.2.4項"特殊用途のSPD"，Q16参照）．

Q27 地電位上昇による逆流雷の防護システムについて説明してください．

A27 この場合の雷防護システムは，等電位ボンディングを適切に行うことで解消できる．すなわち，通信系，配電系及びその他の雷サージが侵入する

電気設備の接地を，必要な場合はSPDを通して等電位ボンディングすることで，内部システムへの侵入を防ぐことが可能となる（3.2.5項"大地電位上昇による逆電流の防護システム"参照）．

Q28 SPDの協調には，どのようなものがあるか説明してください．
A28 次の四つの協調を考慮する必要がある．
① 絶縁協調：機器の定格インパルス耐電圧とSPDの電圧防護レベル（U_p）との関係
② 保護協調：絶縁協調とほぼ同じ意味であるがエネルギー協調も含めたものであり，意味が広い．
③ エネルギー協調：SPDとPIE又は2段に接続したSPD間のエネルギー負担（分配）に関する協調
④ 動作協調：SPDとPIE又は2段に接続したSPD間での動作バランス
これらの協調を考慮するとともに，電源系統の電流遮断装置類との動作協調を図ることも考慮する必要がある．

Q29 SPDの動作協調について説明してください．
A29 引込口に設置したSPDによるサージ電圧の制限だけでは不十分な場合があり，被防護機器の直前に更に適切なSPDを設置して防護することがある．非常に高感度の機器（電子回路により構成された機器）の場合，引込口に設置したSPDと被保護機器間の距離がかなり長いとき，雷放電によって発生した建物内部の電磁界及び内部の妨害があるときに機器に最も接近して設置するSPDは少なくとも機器の耐電圧の20％以上低いU_pを選択することが必要である．例えば，通信設備の装置保護のため，装置直前に装置を十分保護できる保護性能をもつSPD2を用い，施設が直撃雷を受ける可能性のある場合は施設の引込口に雷撃電流分流分を想定した十分大きなサージ耐量をもつSPD1を設置する．サージが侵入すると，最初にU_pの低い機器直前に設置したSPD2が動作し機器を保護する．サージが増

8. 雷サージ防護システム設計方法のQ＆A

大するに伴い引込口に設置された SPD 1 に動作が移行し，大きなサージエネルギーを処理することで機器を保護する．この働きを SPD の動作協調という［2.3.2項(2)"複数SPD（含むSPDC）の動作協調"参照］．

Q30 SPDと被保護機器（PIE）間の絶縁協調について説明してください．

A30 PIEの入力部に設置するSPDの電圧防護レベルは，PIEのインパルス耐電圧以下の値を選定し，システムの公称電圧以上の値とするように協調をとり，回線の絶縁協調の要求を満たす値を選定する必要がある．PIEの損傷に対するイミュニティについての試験方法及び耐電圧などについては，JIS C 61000-4-5 及び C 60364-4-44 の関連規格を参照すること．

Q31 SPDと他の装置との協調について説明してください．

A31 被保護機器などの電源系統に漏電遮断器又は過電流防護装置（ヒューズ又は配線用遮断器など）が挿入されている回線にSPDを設置する場合，過電流防護装置及び漏電遮断器のサージ耐量などの規定は，それぞれの規格（IEC 61008-1 及び IEC 61009-1）では規定していない．ただし，S形漏電遮断器だけは，8/20の3 kAでは動作しないで耐えなければならないと規定している．

SPDに関するサージ電流耐量などの規格はあるが，電圧漏電遮断器又は過電流防護装置などのサージに関連する規格が十分でないため，SPDと漏電遮断器又は過電流防護装置間のサージ協調を考慮する必要がある．

協調が不十分であると，雷サージが侵入するたびに電源系統が遮断される現象及びSPDが破損した場合でも電源系統が遮断できない現象が発生する．SPDと漏電遮断器又は過電流防護装置間の適切なサージ協調を図ることが必要である．

Q32 電源・配電系SPDの所要性能試験の主な項目を例示してください．
A32 ・電圧防護レベル

・クラスⅠ試験のインパルス電流試験

・クラスⅡ試験の公称放電電流試験

・クラスⅢ試験のコンビネーション波形試験

・動作責務試験

・耐トラッキング絶縁耐力

Q33 通信・信号回線用 SPD の所要性能試験の主な項目を例示してください．

A33
- ・最大連続使用電圧
- ・絶縁抵抗インパルス制限電圧
- ・インパルスリセット
- ・交流耐久性
- ・インパルス耐久性能
- ・定格電流
- ・電流応答時間
- ・電流復旧時間
- ・最大遮断電圧
- ・動作責務試験

Q34 SPDC の種類について例示してください．

A34
・ガス入り放電管（GDT）
・金属酸化物バリスタ（MOV）
・アバランシブレークダウンダイオード（ABD）
・サージ防護サイリスタ（TSS）

表 8.1.2　各種

タイプ		動作電圧	精度	インパルス電流耐量	寿命（インパルス）
クランピングタイプ	MOV	DC 5 〜 DC 1 800 V	10 %	大	中
	ABD	DC 7 〜 DC 350 V	10 %	小	高
スイッチングタイプ	GDT	DC 72 〜 DC 2 160 V	20 %	相当に大	高
	TSS	DC 5 〜 DC 1 500 V	10 %	中	高

8. 雷サージ防護システム設計方法のQ&A

Q35 SPDCの所要性能試験の主な項目を例示してください．

A35 (a) GDTの所要性能試験方法
・直流放電開始電圧　　　　・静電容量
・インパルス放電開始電圧　・公称交流放電電流試験
・絶縁抵抗　　　　　　　　・公称インパルス放電電流

(b) ABDの所要性能試験方法
・クランピング電圧　　　　　　・ブレークダウン電圧
・定格ピークインパルス電流　　・最大使用電圧 V_{WM}
・定格ピークインパルス電力損失・静電容量 C_j

(c) MOVの所要性能試験方法
・公称バリスタ電圧　・最大連続使用電圧
・制限電圧　　　　　・静電容量

(d) TSSの所要性能試験方法
・非繰返しピークインパルス電流　・保持電流
・ブレークオーバ電圧　　　　　　・静電容量

Q36 SPDCの特徴と選定方法について説明してください．

A36 SPDCの特徴と選定方法を表8.1.2に示す．

SPDCの特性

静電容量	故障モード	材料	接続方法	寸法
100〜30 000 pF	オープン/ショート	酸化亜鉛	端子又はリード線	中
40〜2 000 pF	ショート	シリコン	端子又はリード線	小
2 pF未満	オープン/ショート	金属，セラミックス	ボタン型又はリード線	中
50〜500 pF	ショート	シリコン	端子又はリード線	小

[記号一覧表]

記号	名称（日本語）	名称（英語）	説　明
C_j	静電容量	capacitance	量.
C_o	オフ状態静電容量	off-state capacitance	規定した周波数 f, 振幅 V_d, 直流バイアス VD で測定する, TSS のオフ状態における規定した端子間の静電容量.
I_c	連続使用電流	continuous operatiog current	各モードに対して最大連続使用電圧 U_c を印加したとき, SPD のそれぞれの防護モードを流れる電流.
I_f	続流	follow current	電流系統から供給し, インパルス電流が放電終了後に SPD に流れ続ける電流. 続流は連続使用電流 I_c とは明らかに異なる.
I_{fi}	定格続流遮断電流	follow current interrupting rating	SPD が単独で遮断できる推定短絡電流.
I_L	定格負荷電流	rated load current	SPD が防護している出力側に接続した負荷に供給できる最大連続定格の実効値又は直流の電流.
I_{imp}	インパルス電流	impulse current	動作責務試験の手順に従って試験する電流ピーク値 I_{peak} 及び電荷 Q. これはクラス I 試験を行う SPD の分類に使用する.
I_{max}	最大放電電流	maximum discharge current for class II test	クラス II 試験の動作責務試験の試験シーケンスに従った大きさで, SPD に流れる 8/20 波形の電流波高値. I_{max} は I_n より大きい.
I_n	公称放電電流	nominal discharge current	SPD を流れる電流波形が 8/20 である電流の波高値. これはクラス II 試験の SPD の分類, 並びにクラス I 試験及びクラス II 試験に対する SPD の前処理試験のときにも使用する.
I_P	電源の推定短絡電流	prospective short-circuit current of a power supply	電源に極めて低いインピーダンスで短絡したときに回路に流れる電流.

記号	名称（日本語）	名称（英語）	説　明
I_{PE}	漏電電流	residual current	製造業者が指定した方法で，SPD単体に最大連続使用電圧U_cを課電したときにPE（防護接地）端子を流れる電流.
I_{PPM}	定格ピークインパルス電流	rated peak impulse current	ダイオードの故障を引き起こすことなく通電できるピークインパルス電流I_{PP}の最大値.
I_{PPSM}	非繰返しピークインパルス電流	non-repetitive peak impulse current	規定した振幅及び波形で，TSSに流すことができるピークインパルス電流の最大（ピーク）定格値.
I_{SC}	短絡回路電流	short-circuit current	コンビネーション発生器における出力端子を短絡状態で出力する電流.
I_{TM}	単一インパルスピーク電流	single-pulse peak current	MOVの故障を引き起こすことなく，規定波形の単一のインパルスを加えられる最大値.
P_c	待機電力消費	stand-by power consumption	製造業者が定めた方法で接続し，安定した電圧値及び位相角をもった最大連続使用電圧U_cを印加したSPDによって消費する電力.
P_{PPM}	定格ピークインパルス電力損失	rated peak impulse power dissipation	定格ピークインパルス電流I_{PPM}とクランピング電圧V_cとの積.
R_{th}	熱抵抗	thermal resistance	ABDやTSSに熱平衡状態において単位電力を印加したときの，接合部を基準とした周囲，ケース及びリード端子部の温度上昇値.
U_c	最大連続使用電圧	maximum continuous operating voltage	防護モードのSPDに連続して印加してもよい最大実効値又は直流電圧．これは定格電圧に等しい.
U_p	電圧保護レベル	voltage protection level	端子間の電圧を制限するとき，推奨値のリストから選択するSPDの性能を規定するパラメータ．この値は測定制限電圧の最大値より大きくならなければならない.
U_T	一時的過電圧	temporary overvoltage	規定の時間内において，防護デバイスが耐えることができる最大の実効値又は直流の電圧で,最大連続使用電圧U_cを超えるもの.

記号一覧表

記号	名称（日本語）	名称（英語）	説　明
U_{res}	残留電圧	residual voltage	放電電流の通過によってSPD端子間に発生する電圧ピーク値.
U_O	系統の公称交流電圧	nominal a.c. voltage of the system	系統のラインと中性線間の公称電圧（実効値）.
U_{OC}	開回路電圧	open-circuit voltage	コンビネーション発生器における出力端子を開放状態で出力する電圧.
$V_{(BO)}$	ブレークオーバ電圧	breakover voltage	規定した電圧上昇率及び電流上昇率の条件下で測定する，ブレークダウン領域での主端子間の最大電圧.
$V_{(BR)}$	ブレークダウン電圧	breakdown voltage	V-I特性曲線状のアバランシ（なだれ降伏）を起こす付近に規定する直流パルス試験電流 I_T（又は $I_{(BR)}$）をABDに流したときの測定電圧.
V_c	クランピング電圧（制限電圧）	clamping voltage	規定する波形のピークインパルス電流 I_{PP}（又は I_P）をABDやMOVに通電して測定する過渡電圧の瞬間最大値.
V_{DRM}	繰返しピークオフ電圧	repetitive peak off-state voltage	すべての直流及び繰返し電圧要素の中で，TSSにオフ状態で印加できる最大（ピーク）定格遮断電圧.
V_M	最大連続使用電圧	maximum continuous voltage	規定温度でMOVに連続的に印加できる電圧.
V_N	公称バリスタ電圧	nominal varistor voltage	規定の時間で，規定の直流電流（I_N）によって測定したMOV両端の電圧.
$Z_{th(t)}$	過渡熱インピーダンス	transient thermal impedance	熱平衡状態に入る前の熱抵抗に相当するパラメータ．特定の時間間隔後における仮想接合部温度と想定した基準点又は基準領域（周囲，ケース又はリード端子部）との間の温度差の変化量を，同じ時間間隔で関係する部分の温度差が起きる電力損失の変化量で除したもの.

［参照規格一覧］

1. JIS（日本工業規格）

JIS A 4201：1992	建築物等の避雷設備（避雷針）
JIS A 4201：2003	建築物等の雷保護
JIS C 0367-1：2003	雷による電磁インパルスに対する保護—第1部：基本的原則
JIS C 0664：2003	低圧系統内機器の絶縁協調—第1部：原理，要求事項及び試験
JIS C 5381-1：2004	低圧配電システムに接続するサージ防護デバイスの所要性能及び試験方法
JIS C 5381-12：2004	低圧配電システムに接続するサージ防護デバイスの選定及び適用基準
JIS C 5381-21：2004	通信及び信号回線に接続するサージ防護デバイスの所要性能及び試験方法
JIS C 5381-22：2006	通信及び信号回線に接続するサージ防護デバイスの選定及び適用基準
JIS C 5381-311：2004	低圧サージ防護デバイス用ガス入り放電管（GDT）
JIS C 5381-321：2004	低圧サージ防護デバイス用アバランシブレークダウンダイオード（ABD）の試験方法
JIS C 5381-331：2006	低圧サージ防護デバイス用金属酸化物バリスタ（MOV）の試験方法
JIS C 5381-341：2005	低圧サージ防護デバイス用サージ防護サイリスタ（TSS）の試験方法
JIS C 60364-4-41：2006	建築電気設備—第4-41部：安全保護—感電保護
JIS C 60364-4-44：2006	建築電気設備—第4-44部：安全保護—妨害電圧及び電磁妨害に対する保護
JIS C 60364-5-53：2006	建築電気設備—第5-53部：電気機器の選定及び施工—断路，開閉及び制御
JIS C 61000-4-5：1999	電磁両立性—第4部：試験及び測定技術—第5節：サージイミュニティ試験
JIS Z 9015-0：1999	計数値検査に対する抜取検査手順—第0部：JIS Z 9015抜取検査システム序論

2. IEC 規格

IEC 60038：2002	IEC standard voltages
IEC 60364-4-44：2003	Electrical installations of buildings — Part 4-44: Protection for safety — Protection against voltage disturbances and electromagnetic disturbances
IEC 61008-1：2006	Residual current operated circuit — breakers without integral overcurrent protection for household and similar uses (RCCBs) — Part 1: General rules
IEC 61009-1：2006	Residual current operated circuit — breakers with integral overcurrent protection for household and similar uses (RCBOs) — Part 1: General rules
IEC 61024-1：1990	Protection structures against lightning — Part 1: General Principles (withdrawn)
IEC 61643-11（審議中）	Surge protective devices connected to low-voltage power distribution systems — Part 11: Performance requirements and testing methods
IEC 61643-311：2001	Components for low-voltage surge protective devices — Part 311: Specification for gas discharge tubes (GDT)
IEC 61643-321：2001	Components for low-voltage surge protective devices — Part 321: Specifications for avalanche breakdown diode (ABD)
IEC 61643-331：2003	Components for low-voltage surge protective devices — Part 331: Specification for metal oxide varistors (MOV)
IEC 61643-341：2001	Components for low-voltage surge protective devices — Part 341: Specification for thyristor surge suppressors (TSS)
IEC 62305-1：2006	Protection against lightning — Part 1: General principles
IEC 62305-2：2006	Protection against lightning — Part 2: Risk management
IEC 62305-3：2006	Protection against lightning — Part 3: Physical damage to structures and life hazard
IEC 62305-4：2006	Protection against lightning — Part 4: Electrical and electronic systems within structures

索　引

あ行

IKLマップ　18
IC保護　196
IT　77
ITE　107
アバランシブレークダウンダイオード (ABD)　179
アレスタ　56, 98
安全離隔距離　66, 71
一時的過電圧 (TOV)　46, 224
1ポートSPD　27
印加電圧上昇率急峻度　199
インパルス耐電圧　35, 51
インパルス電流　140, 175, 223
インパルス放電開始電圧　174
インパルスリセット　142
A型接地極　65
ABD　179
　——シリコンチップ　180
　——の特徴とその選定方法　179
　——の所要性能試験方法　184
　——部品の選定簡易フロー　183
Avalanche　179
SPS設計　15
SPD　24, 146
　——間のエネルギー協調　111, 133
　——間の協調　132, 135, 136
　——間の動作協調　41, 132
　——の機能　24
　——のクラス分類　38
　——の構造　25
　——の試験クラス　161
　——の試験波形　160
　——の種類　26, 28
　——の制限電圧　110
　——の設置場所　40, 116
　——の設置例　97, 115
　——の選定　38, 128

　——の選定手順　112
　——の選定方法　107
　——の選定例　118
　——の続流　111
　——の動作例　29
　——の必要性能例　103
　——の防護動作例　99
　——の要否判定フロー　48
　——分離器　42, 140
　——用部品 (SPDC)　165
SPDC　165
　——の特徴　167
MOS-FETデバイス　183
MOV　186
　——選定のフローチャート　190
　——の所要性能試験方法　191
　——の特徴とその選定方法　186
LPS　62
　——の設計 (従来の)　74
　——の保護効率　59
　——の保護レベル　58
LPZ　22
応答特性　166
オーバシュート電圧　182
オフ状態静電容量　223
温度特性　182

か行

開回路電圧　154, 225
回転球体法　63
外部LPS　21, 62
　——の設計　68
開閉サージ　79
界雷　20
夏季雷　17
火災報知設備の雷防護システム　93
ガス入り放電管 (GDT)　167
型式試験　144
片方向型　180

過電圧　15
　　——カテゴリ　100
　　——カテゴリの分類　77
　　——と過電流の決定　122
　　——保護ダイオード　180
家電機器の雷サージ対策　104
過電流制御　197
過渡熱インピーダンス　186, 225
雷の発生　16
逆阻止型TSS　196
逆導通型TSS　196
逆流雷対策　56
金属酸化物バリスタ（MOV）　186
クラスI試験対応のSPD　39
クラスIII試験対応のSPD　39
クラスII試験対応のSPD　39
クランピング電圧（制限電圧）　184, 197, 225
繰返しピークオフ電圧　201, 225
繰返しピークオフ電流　201
クリッピング　195
クローバ　195
計装用装置の雷防護　92
系統の公称交流電圧　225
ゲート付TSS　196, 197
結合メカニズム　123
減結合回路　125
建築基準法　62
建築物等のSPS　55
建築物内部のSPS　76
建築物の内部設備・機器のSPS　80
公称インパルス放電電流　177
公称交流放電電流　177
公称バリスタ電圧　192, 225
公称放電電流　140, 223
コンビネーション波形　27, 140

さ行

サージ　15
　　——防護回路構成例　197
　　——防護サイリスタ（TSS）　194
　　——防護デバイス用部品　169
最大使用電圧　186

最大電圧制限　200
最大放電電流　223
最大連続使用電圧　194, 224, 225
サイリスタ構造　195
山頂基地局の雷防護　92
残留電圧　225
GDT　167
　　——の所要性能試験方法　173
　　——の特徴とその選定方法　167
自己消弧　82
受雷部　74
　　——システム　62, 68
情報通信線のSPS　84
情報通信装置　107
所要性能試験　144
侵入雷サージ波形　47
スイッチング波形　199
スパッタ現象　197
制限電圧　193, 225
静電容量　174, 186, 194, 201, 223
整流ダイオード　182
絶縁抵抗　174
絶縁破壊　76
接地極　75
接地極間用SPD　33
接地系統の形式　77
接地システム　64, 69
接地抵抗値　34
線間電圧　175
双方向型　180
　　——TSS　196
続流　223
外付抵抗　197

た行

耐インパルスカテゴリ　51
耐インパルス特性　50
待機電流　186
　　——特性　182
待機電力消費　224
大地電位上昇　94
　　——電圧　79, 95

耐電圧破壊経路　76
耐雷トランス　25, 34
宅内情報通信装置の雷防護　87
宅内通信装置の雷防護方法　88
多段回路　196
単一インパルスピーク電流　191, 224
短絡回路電流　224
直撃雷　44
　——対策　55
　——リスクの評価　49
直流放電開始電圧　173
直流ホールドオーバ電圧　175
通信・信号回線の SPS 用 SPD　150
　——の選定　122
通信・信号回線用 SPS　142
通信・信号回線用 SPD　30, 33, 107
通信・信号用 SPD のエネルギー協調　124
通信センタビルの雷防護　90
通信線路　197
ツェナーダイオード　179
低圧配電システムの SPS 用 SPD　111
低圧配電システム用 SPS　139
低圧配電システム用 SPD　25, 107
TSS　194
　——個別用途別の規格　195
　——の所要性能試験方法　198
　——の特徴とその選定方法　194
　——部品の選定簡易フロー　199
TNS　77
TNC　77
TNC-S　77
TOV　46, 79
TT　77
定格スタンドオフ電圧　186
定格続流遮断電流　223
定格ピークインパルス電流　184, 224
定格ピークインパルス電力損失　185, 224
定格負荷電流　223
定電圧ダイオード　180
電圧スイッチング形 SPD　26, 166
電圧制限形 SPD　26, 166
電圧制限の要求事項　142, 150

電圧電流静特性波形　196
電圧防護レベル　139
電圧保護レベル　224
電源の推定短絡電流　223
電源・配電系の SPS　81
電流制限の要求事項　143, 155
冬季雷　20
動作責務試験フローチャート　148
等電位ボンディング　22, 65, 70
特殊用途の SPD　33

な行

内部 LPS　22, 65
　——の設計　70
2 ポート SPD　27
熱抵抗　186, 224
熱雷　17
年間雷雨日数分布図　18

は行

バイポーラデバイス　183
破損モード　183
パッケージ　181
バリスタ　186
パワーツェナーダイオード　180
PN 接合　179
B 型接地極　70
ヒートシンク　198
引下げ導線システム　63, 69
非繰返しピークインパルス電流　198, 224
避雷器　56
避雷針　62
避雷導線　74
複合形 SPD　27
複数 SPD の動作協調　40
複数パルスのピーク電流軽減　192
ブラインドスポット　143
ブレークオーバ電圧　199, 225
ブレークダウン電圧　185, 225
保安器　56
放熱フィン　198
保護角法　63

保護効率　51, 67
保護レベル　51, 63, 67
保持電流　201
ホットスポット　198

ま行

前処理試験　149
メッシュ接地極　71
漏れ電流　25

や行

誘導雷 SPS 用 SPD　144
誘導雷サージ対策　56
誘導雷サージ電圧　77
抑圧電圧　181
抑圧特性　180

ら行

雷サージ　16, 55

──侵入経路　76
──防護システム（SPS）設計　15
──防護デバイス（SPD）　24
雷電流　45
──パラメータ　57, 58
雷保護システム　21, 22, 62
──の設計例　66
雷保護領域（LPZ）　22, 23, 59, 86
落雷電流　57
リスクの種類　44
リスクの分析・評価方法　48
リスクの要因　44
リスクマネジメント　43
レットスルー電流　108
連続使用電流　223
漏電電流　224
ロードダンプサージ保護　180

JIS使い方シリーズ
最新の雷サージ防護システム設計

定価：本体2,600円（税別）

2006年11月22日　第1版第1刷発行

編　者	黒沢秀行・木島均
著　者	社団法人 電子情報技術産業協会
	雷サージ防護システム設計委員会
発行者	島　弘志
発行所	財団法人 日本規格協会

〒107-8440　東京都港区赤坂4丁目1-24
http://www.jsa.or.jp/
振替　00160-2-195146

印刷所	株式会社 平文社
製　作	株式会社 大知

© H. Kurosawa, H. Kijima et al., 2006　　Printed in Japan
ISBN4-542-30397-7

当会発行図書，海外規格のお求めは，下記をご利用ください。
　カスタマーサービス課：(03) 3583-8002
　書店販売：(03) 3583-8041　注文FAX：(03) 3583-0462

編集に関するお問合せは，下記をご利用ください。
　書籍出版課：(03) 3583-8007　FAX：(03) 3582-3372